国家出版基金资助项目
全国高校出版社主题出版项目
重庆市出版专项资金资助项目

母亲之河

——黄河流域生态保护和高质量发展

胡金焱　等　编著

马丽　审稿

MUQIN ZHI HE

HUANGHE LIUYU SHENGTAI BAOHU HE
GAOZHILIANG FAZHAN

重庆大学出版社

内容提要

2019 年 9 月 18 日习近平总书记在河南主持召开黄河流域生态保护和高质量发展座谈会并发表重要讲话,强调共同抓好大保护,协同推进大治理,让黄河成为造福人民的幸福河,黄河流域生态保护和高质量发展上升为国家重大战略。围绕黄河流域的生态保护和高质量发展,本书分上、中、下三编分别对"黄河战略"的背景与价值、黄河流域水资源管理与生态环境保护、黄河流域经济高质量发展进行研究,力图为研究黄河流域生态保护和高质量发展的理论工作者提供借鉴,为黄河流域生态保护和高质量发展的践行者提供思路与路径参考。

图书在版编目(CIP)数据

母亲之河:黄河流域生态保护和高质量发展/胡金焱等编著. --重庆:重庆大学出版社,2022.3
(改革开放新实践丛书)
ISBN 978-7-5689-2800-7

Ⅰ.①母… Ⅱ.①胡… Ⅲ.①黄河流域—生态环境保护—研究 Ⅳ.①X321.2

中国版本图书馆 CIP 数据核字(2021)第 125545 号

改革开放新实践丛书
母亲之河
——黄河流域生态保护和高质量发展
胡金焱 等 编著
策划编辑:马 宁 尚东亮 史 骥
责任编辑:顾丽萍   版式设计:顾丽萍
责任校对:邹 忌   责任印制:张 策

*

重庆大学出版社出版发行
出版人:饶帮华
社址:重庆市沙坪坝区大学城西路 21 号
邮编:401331
电话:(023) 88617190 88617185(中小学)
传真:(023) 88617186 88617166
网址:http://www.cqup.com.cn
邮箱:fxk@ cqup.com.cn(营销中心)
全国新华书店经销
重庆升光电力印务有限公司印刷

*

开本:720mm×1020mm 1/16 印张:17 字数:248 千
2022 年 3 月第 1 版   2022 年 3 月第 1 次印刷
ISBN 978-7-5689-2800-7 定价:99.00 元

丛书编委会

主　任：

王东京　中央党校（国家行政学院）原副校（院）长、教授

张宗益　重庆大学校长、教授

副主任：

王佳宁　大运河智库暨重庆智库创始人兼总裁、首席研究员

饶帮华　重庆大学出版社社长、编审

委　员（以姓氏笔画为序）：

车文辉　中央党校（国家行政学院）经济学教研部教授

孔祥智　中国人民大学农业与农村发展学院教授、中国合作社研究院院长

孙久文　中国人民大学应用经济学院教授

李　青　广东外语外贸大学教授、广东国际战略研究院秘书长

李　娜　中国国际工程咨询有限公司副处长

肖金成　国家发展和改革委员会国土开发与地区经济研究所原所长、教授

张志强　中国科学院成都文献情报中心原主任、研究员

张学良　上海财经大学长三角与长江经济带发展研究院执行院长、教授

陈伟光　广东外语外贸大学教授、广东国际战略研究院高级研究员

胡金焱　青岛大学党委书记、教授

以历史视角认识改革开放的时代价值

——《改革开放新实践丛书》总序

改革开放是决定当代中国命运的关键一招。在中国共产党迎来百年华诞、党的二十大将要召开的重要历史时刻,我们以历史的视角审视改革开放在中国共产党领导人民开创具有中国特色的国家现代化道路中的历史地位和深远影响,能够更深刻地感悟改革开放是我们党的一个伟大历史抉择,是我们党的一次伟大历史觉醒。

改革开放是中国共产党人的革命气质和精神品格的时代呈现。纵观一部中国共产党历史,实际上也是一部革命史。为了实现人类美好社会的目标,一百年来,中国共产党带领人民坚定理想信念,艰苦卓绝,砥砺前行,实现了中华民族有史以来最为广泛深刻的社会变革。这一壮美的历史画卷,展示的是中国共产党不断推进伟大社会革命同时又勇于进行自我革命的非凡过程。

邓小平同志讲改革开放是中国的"第二次革命",习近平总书记指出,"改革开放是中国人民和中华民族发展史上一次伟大革命"。改革开放就其任务、性质、前途而言,贯穿于党领导人民进行伟大社会革命的全过程,既是对具有深远历史渊源、深厚文化根基的中华民族充满变革和开放精神的自然传承,更是中国共产党人内在的革命气质和精神品格的时代呈现,因为中国共产党能始终保持这种革命精神,不断激发改革开放精神,在持续革命中担起执政使命,在长期执政中实现革命伟业,引领中华民族以改革开放的姿态继续走向未来。

改革开放是实现中国现代化发展愿景的必然选择和强大动力。一百年来,我们党团结带领人民实现中国从几千年封建专制向人民民主的伟大飞跃,实现中华民族由近代不断衰落到根本扭转命运、持续走向繁荣富强的伟大飞跃,实现中国大踏步赶上时代、开辟中国特色思想道路的伟大飞跃,都是致力于探索中国的现代化道路。

改革开放,坚决破除阻碍国家和民族发展的一切思想和体制障碍,让党和人民事业始终充满奋勇前进的强大动力,孕育了我们党从理论到实践的伟大创造,走出了全面建成小康社会的中国式现代化道路,拓展了发展中国家走向现代化的途径,为解决人类现代化发展进程中的各种问题贡献了中国实践和中国智慧。党的十九大形成了从全面建成小康社会到基本实现现代化,再到全面建成社会主义现代化强国的战略安排,改革开放依然是实现中国现代化发展愿景的必然选择和前行动力,是实现中华民族伟大复兴中国梦的时代强音。

改革开放是顺应变革大势集中力量办好自己的事的有效路径。习近平总书记指出,"今天,我们比历史上任何时期都更接近、更有信心和能力实现中华民族伟大复兴的目标。中华民族伟大复兴,绝不是轻轻松松、敲锣打鼓就能实现的。"当前,我们面对世界百年未有之大变局和中华民族伟大复兴战略全局,正处于"两个一百年"奋斗目标的历史交汇点。

改革开放已走过千山万水,但仍需跋山涉水。我们绝不能有半点骄傲自满,固步自封,也绝不能有丝毫犹豫不决、徘徊彷徨。进入新发展阶段、贯彻新发展理念、构建新发展格局,是我国经济社会发展的新逻辑,站在新的历史方位的改革开放面临着更加紧迫的新形势新任务。新发展阶段是一个动态、积极有为、始终洋溢着蓬勃生机活力的过程,改革呈现全面发力、多点突破、蹄疾步稳、纵深推进的新局面,要着力增强改革的系统性、整体性、协同性,着力重大制度创新,不断完善和发展中国特色社会主义制度,推进国家治理体系和治理能力现代化;开放呈现全方位、多层次、宽领域,要着力更高水平的对外开放,不断推动共建人类命运共同体。我们要从根本宗旨、问题导向、忧患意识,完整、准确、全面贯彻新发展理念,以正确的发展观、现代化观,不断增强人民群众的获得感、幸福感、安全感。要从全局高度积极推进构建以国内大循环为主体、国际国内双循环相互促进的新发展格局,集中力量办好自己的事,通过深化改革打通经济循环过程中的堵点、断点、瘀点,畅通国民经济循环,实现经济在高水平上的动态平衡,提升国民经济整体效能;通过深化开放以国际循环提升国内大循环效率和水平,重塑我国参与国际合作和竞争的新优势。

由上观之,改革开放首先体现的是一种精神,始终保持改革开放的革命精神,我们才会有清醒的历史自觉和开辟前进道路的勇气;其次体现的是一种方略,蕴藏其中的就是鲜明的马克思主义立场观点方法,始终坚持辩证唯物主义和历史唯物主义,才会不断解放思想、实事求是,依靠人民、服务人民;再次体现的是着眼现实,必须始终从实际出发着力解决好自己的问题。概而言之,改革开放既是方法论,更是实践论,这正是其时代价值所在,也是其永恒魅力所在。

重庆大学出版社多年来坚持高质量主题出版,以服务国家经济社会发展大局为选题重点,尤其是改革开放伟大实践。2008年联合《改革》杂志社共同策划出版"中国经济改革30年丛书"(13卷),2018年联合重庆智库共同策划出版国家出版基金项目"改革开放40周年丛书"(8卷),在2021年中国共产党成立100周年、2022年党的二十大召开之际,重庆大学出版社在重庆市委宣传部、重庆大学的领导和支持下,联合大运河智库暨重庆智库,立足新发展阶段、贯彻新发展理念、构建新发展格局,以"改革开放史"为策划轴线,持续聚焦新时代改革开放新的伟大实践,紧盯中国稳步发展的改革点,点面结合,创新性策划组织了这套"改革开放新实践丛书"(11卷)。丛书编委会邀请组织一批学有所长、思想敏锐的中轻年专家学者,围绕长三角一体化、粤港澳大湾区、黄河流域生态保护和高质量发展、海南自由贸易港、成渝地区双城经济圈、新时代西部大开发、脱贫攻坚、乡村振兴、创新驱动发展、中国城市群、国家级新区11个选题,贯穿历史和现实,兼具理论与实际,较好阐释了新时代改革开放的时代价值、丰硕成果和实践路径,更是习近平新时代中国特色社会主义思想在当代中国现代化进程中新实践新图景的生动展示,是基于百年党史背景下对改革开放时代价值的新叙事新表达。这是难能可贵的,也是学者和出版人献给中国共产党百年华诞、党的二十大的最好礼物。

中央党校(国家行政学院)原副校(院)长、教授　　　　重庆大学校长、教授

陈东京　　　　　　　　　　　　　张宗益

2021年7月　　　　　　　　　　　2021年7月

前　言

　　黄河是中华民族的母亲河,是华夏文明的发源地与根魂。"黄河宁,天下平",黄河安澜与中华民族崛起、国家永续发展以及人民的安定生活息息相关。历史上,"三年两决口、百年一改道"的黄河曾给沿岸人民带来了深重灾难,黄河治理就是治国安邦。新中国成立以来,党中央、国务院高度重视黄河治理与黄河流域经济发展。2019年9月18日,习近平总书记在河南主持召开黄河流域生态保护和高质量发展座谈会并发表重要讲话,提出推进黄河流域生态保护和高质量发展,并同京津冀协同发展、长江经济带发展、粤港澳大湾区建设、长三角一体化发展一样,上升为重大国家战略。习近平总书记的重要讲话深刻阐述了黄河流域生态保护和高质量发展的一系列全局性、根本性和方向性问题,为黄河流域生态保护和高质量发展指明了方向,是习近平生态文明思想与新发展理念的融合统一。目前,黄河流域各省份占有全国约30%的人口,经济总量约占全国的26.5%,探索黄河流域生态保护和高质量发展"双轮驱动",坚持生态优先与绿色发展,对推动我国人与自然和谐发展的现代化新发展格局无疑具有重要价值和意义。

　　本书从黄河流域对中华民族崛起具有的重要意义入手,围绕黄河全流域的生态环境保护与治理、经济高质量发展进行研究,侧重分析如何推进黄河流域的生态保护与治理、如何促进全流域经济的高质量发展。全书共分为三编九章,具体章节写作分工如下:第一、二章由胡金焱(青岛大学)、李永平(齐鲁工业大学)撰写;第三章由冯海红(齐鲁工业大学)撰写;第四、五章由高阳(山东社会科学院)撰写;第六、七章由胡金焱(青岛大学)、安强身(济南大学)撰写;第八、九章由胡金焱(青岛大学)、羿建华(济南大学)撰写。全书由胡金焱负责统稿。

由于本书涉及人文社会、自然地理、经济与管理等不同学科,跨度大、范围广,在相关资料的收集以及具体撰写上,我们参考和借鉴了国内大量学者的研究成果,这些资料我们尽力在本书参考文献中全部列出,对极个别由于作者疏忽而未加注释或说明的,在此表示真挚的歉意!

感谢重庆大学出版社的邀请,将本书纳入"改革开放新实践丛书",对重庆大学出版社提供的大力支持表示感谢!感谢编辑老师在出版过程中付出的辛勤劳动!

编　者

2021 年 4 月

目　录

上编　"黄河宁,天下平":谋局与破局

第一章　华夏文明摇篮：黄河流域与中华民族崛起

第一节　黄河流域面貌 …………………………………………… 003

第二节　黄河流域社会经济发展变迁 …………………………… 008

第三节　黄河流域与中华文明 …………………………………… 014

第二章　全局与系统："黄河战略"的长远价值与意蕴

第一节　黄河治理:黄河宁,天下平 ……………………………… 022

第二节　生态保护:筑起安全屏障,建设生态文明 ……………… 029

第三节　经济发展:发挥比较优势,实现高质量可持续发展 …… 037

第三章　协同与融合：生态保护和高质量发展的相辅相成

第一节　黄河流域生态保护和高质量发展的关系 ……………… 047

第二节　黄河流域生态保护和高质量发展面临的关键问题 …… 050

第三节　黄河流域生态保护和高质量发展的时代机遇 ………… 062

中编　"大保护,大治理":全流域生态保护与治理

第四章　科学与和谐：黄河流域水资源管理

第一节　黄河流域水资源的总体现状 …………………………… 075

第二节　黄河流域水资源管理情况分析 ………………………… 080

第三节　强化黄河流域水资源管理的战略要求 ················· 086
第四节　黄河流域水资源科学管理的方向与路径探讨 ········· 089

第五章　恢复与建设：黄河流域生态保护方向与路径
第一节　黄河流域生态现状及存在问题 ····················· 096
第二节　黄河流域上游生态保护的路径探讨 ················· 102
第三节　黄河流域中游生态保护的路径探讨 ················· 106
第四节　黄河流域下游生态保护的路径探讨 ················· 109

第六章　协同与共治：黄河流域生态环境保护的长效机制建设
第一节　顶层设计与机制完善 ····························· 115
第二节　黄河流域生态环境协同治理路径 ··················· 120
第三节　黄河流域生态环境保护的长效机制建设 ············· 128

下编　从"忧患河"变"幸福河"：促进全流域高质量发展

第七章　绿色与创新：双轮驱动全流域产业高质量发展
第一节　黄河全流域产业发展现状与问题 ··················· 141
第二节　绿色优先，构建黄河流域现代化产业体系 ··········· 162
第三节　创新驱动，推动黄河全流域产业转型升级 ··········· 168

第八章　互补与对焦：推动流域城市格局优化与区域经济高质量发展
第一节　建立和完善高质量发展评价体系 ··················· 185
第二节　优化黄河流域城市发展格局，提升城市品质 ········· 188
第三节　引领与辐射：黄河流域城市群发展战略 ············· 194
第四节　聚焦城市群，带动黄河流域高质量发展 ············· 204

第九章　强化保障，重视民生，持续推进乡村振兴与基础设施建设

第一节　持续脱贫攻坚,缩小发展差距 …………………………… 212

第二节　实施乡村振兴战略,建设美丽家园 …………………… 227

第三节　补短板、惠民生,大力推动基础设施建设 …………… 244

参考文献 ………………………………………………………… 250

上编

『黄河宁，天下平』：谋局与破局

1

华夏文明摇篮：
黄河流域与中华民族崛起

黄河是中华民族的母亲河，哺育着中华民族，在中华文明形成和发展过程中起到了重要作用，在我国长期的社会经济发展过程中做出了突出贡献，是中华民族崛起的见证。黄河流域的生态保护和经济高质量发展，是中华民族伟大复兴的千秋大计，具有重要的战略地位。本章讨论黄河流域与中华民族崛起，一是黄河流域面貌，包括黄河概况、流域地貌与水系水文以及黄河流域的资源禀赋；二是黄河流域社会经济的历史发展，包括黄河流域社会政治变迁、经济贸易和科学技术发展以及历史变迁的经验与启示；三是黄河流域与中华文明，包括中华文明的孕育发展、黄河文化的内涵与核心价值以及文化传承与民族复兴。

第一节　黄河流域面貌

一、母亲河：黄河概况

黄河是中华民族的母亲河，发源于青藏高原巴颜喀拉山北麓海拔 4 500 米的约古宗列盆地，全长 5 464 千米，是我国仅次于长江的第二大河。黄河流域面积 79.5 万平方千米，包括内流区面积 4.2 万平方千米，涉及 9 个省（自治区）的 71 个地级行政区和 1 个省直辖县级市，在山东垦利区流入渤海。①

黄河流域易发洪涝灾害。历史上黄河上中游平原河段曾多次发生河道改变，而下游河道则发生过重大变迁。黄河流经黄土高原后，河水挟带大量泥沙进入下游平原地区，水流减缓，泥沙沉积，造成行洪河道泥沙淤积、不断抬高，人们修筑河堤防止决口，最终黄河成为高出地面的"地上河"。黄河河道这种"善淤、善决、善徙"的特性容易造成决堤改道，故素有"三年两决口、百年一改道"的

---

① 若无特别说明，本节引文数字均来自《黄河年鉴 2019》《黄河流域综合规划（2012—2030）》以及水利部黄河水利委员会网站（黄河网）。

说法。

历史记载,从东周春秋时期至今的 2 600 多年间,黄河下游多次发生溃堤、改道,据统计决口泛滥共有 1 500 余次,大的决堤改道有 26 次,其中的 6 次改道,使河道范围产生重大变化,造成严重灾情,产生深远影响。①② 黄河改道多数是由洪水决堤引起,有两次大的改道则是出于军事目的人为造成的。③

黄河下游改道、决溢泛滥造成洪涝灾害,黄河中上游地区持续性暴雨则易造成山洪暴发而形成局部洪灾,在冬春季节,上游、下游河道则常发生冰凌危害。

我国治理黄河、兴修水利具有悠久的历史,历朝历代都关注黄河水灾治理。在三皇五帝时期,有大禹治水传说,春秋战国时期则有西门豹治邺修筑十二渠,秦国兴建郑国渠等史书记载,黄河流域开始出现大型引水灌溉工程。④ 之后关于治理黄河的文献记载逐渐增多。新中国成立后,人民政府除害兴利,黄河治理取得了令世人瞩目的伟大成绩。

二、流域地貌与水系水文

黄河流域范围、流域面积在历史上由于改道而多有变化,当前黄河流域范围包括青海、四川、甘肃、宁夏、内蒙古、山西、陕西、河南、山东共 9 个省(自治区),流域面积为 79.5 万平方千米,包括内流区面积 4.2 万平方千米。

---

① 蒋秀华,吕文星,高源,等.黄河的历史变迁和面积河长特征数据的沿革[J].人民黄河,2019,41(1):10-13.

② 张红武.黄河流域保护和发展存在的问题与对策[J].人民黄河,2020(3):1-10,16.

③ 黄河两次出于军事目的的人为改道:第一次是南宋时期的 1128 年冬,金兵南下侵犯南宋边防,南宋东京(今开封)留守杜充决开黄河南堤御敌,之后黄河向南泛滥,占道淮河入海;第二次是在抗日战争时期,1938 年 6 月,国民政府扒开花园口黄河南堤,以阻止侵华日军西进,黄河泛滥河南、安徽、江苏三省,直到抗战胜利后,1947 年 3 月,花园口决堤处堵合。

④ 公元前 422 年,西门豹为邺令在黄河支流漳河修筑引漳十二渠灌溉农田。公元前 246 年,秦国在陕西省兴建郑国渠,引泾河水灌溉农田,达 4 万多顷(1 顷≈6.667 公顷)。郑国渠的建成极大地增强了秦国的经济实力,为秦国统一中国发挥了重要作用。司马迁在《史记·河渠书》中这样描述郑国渠:"于是关中为沃野,无凶年,秦以富强,卒并诸侯,因命曰郑国渠。"参见水利部黄河水利委员会网站(黄河网)。

　　黄河流经 9 省(自治区),地势呈西高东低态势,形成三级阶梯:第一级阶梯为河源区所在青海高原,平均海拔在 4 000 米以上;第二级阶梯主体是黄土高原,地势相对平缓,平均海拔为 1 000~2 000 米,黄土高原地形破碎,黄土土质疏松,受到暴雨径流的水力长期侵蚀,成为黄河中下游泥沙的主要来源地;第三级阶梯主体是华北平原,绝大部分海拔低于 100 米,地势呈低平状态,黄河河道变得宽阔平坦,河水所携带泥沙在沿途逐渐沉降,河道发生淤积,河床高出两岸地面,黄河成为"地上河"。

　　黄河流域地貌多变、差异大,西界巴颜喀拉山,北抵阴山,南至秦岭,东注渤海,流经青藏高原、黄土高原、华北平原,包括黄土高原水土流失区、五大沙漠沙地以及湖泊、湿地等,地貌差异巨大。

　　黄河干流多弯曲,有"九曲黄河"之称。自青海河源至山东入海口,黄河干流共有六大河湾:唐克湾、唐乃亥湾、兰州湾、河套河湾、潼关湾、兰考湾。黄河干流河道可分为上、中、下游和 11 个河段。河源至内蒙古自治区呼和浩特市托克托县的河口镇为上游,河道长 3 471.6 千米,流域面积 42.8 万平方千米,占全河流域面积的 53.8%。黄河自河口镇至河南省郑州市的桃花峪为中游,中游河段长 1 206.4 千米,流域面积 34.4 万平方千米,占全流域面积的 43.3%。黄河桃花峪至入海口为下游,河道长 785.6 千米。下游河道是地上河,两岸汇入支流很少,流域面积大于 1 000 平方千米的支流,仅为天然文岩渠、金堤河和大汶河 3 条,流域面积 2.3 万平方千米,仅占全流域面积的 2.9%。

　　黄河众多支流组成黄河水系。支流中面积大于 1 000 平方千米的有 76 条,流域面积达 58 万平方千米,占全河集流面积的 77%;大于 1 万平方千米的支流有 11 条,流域面积达 37 万平方千米,占全河集流面积的 50%。黄河主要支流包括白河、黑河、洮河、湟水、大黑河、窟野河、无定河、渭河、沁河、金堤河、大汶河等。黄河流经 3 个较大的湖泊,包括河源区的扎陵湖、鄂陵湖和下游的东平湖。

黄河流域水资源总量整体上表现匮乏,水资源稀缺。地下水资源分布不均衡,部分地区不合理的灌溉用水和地下水开采,造成局部水文地质条件恶化、水质下降。地表水资源季节性变化大,夏秋河水流量大易造成泛滥成灾,而冬春水量小又易造成水源匮乏,部分支流春季呈断流状态,甚至干流有些年份也曾经出现断流。黄河挟带泥沙数量多,夏季水流大、含沙量也高,水资源开发利用有很大难度。黄河流经省(自治区)的面积占全国的38.5%,经济总量占全国的21.95%,但水资源总量仅为2 947.8亿立方米,占全国水资源的10.73%,其中地表水资源占全国的9.42%,地下水资源占全国的17.84%。①

三、资源禀赋与配置

黄河流域拥有丰富的自然资源。从自然保护区的数量来看,2017年黄河流域共拥有494个自然保护区,占全国自然保护区总数的17.96%,其中拥有国家级自然保护区50个,占全国国家级自然保护区总数的16.95%。自然保护区面积达到4 802.7万公顷,占全国的近1/3,占到黄河流域各省(自治区)总辖区面积的10.94%。②

黄河流域矿产、煤炭、石油等资源丰富,是我国重要的"能源流域",具有很大的开采利用价值和发展潜力。黄河上游地区是水资源涵养地,水能资源丰富;黄河中游地区煤炭资源丰富,是我国最重要的煤炭生产基地;黄河下游地区则拥有石油和天然气资源。鄂尔多斯盆地的煤炭、石油、天然气储量位居全国第一,而单就煤炭资源来看,我国14个大型煤炭基地中,9个煤炭基地位于黄河

---

① 根据水利部黄河水利委员会网站(黄河网)提供的资料数据,1956年7月至1980年6月共24年,黄河流域多年平均水资源总量为735亿立方米,其中地表水资源量659亿立方米,地下水资源量399亿立方米;黄河流域水资源总量占全国水资源总量的2.6%,在全国七大江河中居第4位;人均水资源量905立方米,亩(1亩≈666.7平方米)均水资源量381立方米,分别是全国人均、亩均水资源量的1/3和1/5,在全国七大江河中分别占第4位和第5位。
② 郭晗,任保平.黄河流域高质量发展的空间治理:机理诠释与现实策略[J].改革,2020(4):74-85.

流域,整个黄河流域的煤炭资源经济可采量和煤炭生产产量均位居全国首位。①②

　　黄河流域土地资源丰富,③是我国小麦、棉花、油料、牲畜等主要农牧产品产区。黄河上游青藏高原和内蒙古高原的畜牧业,上游宁蒙河套平原、中游汾渭盆地和下游防洪保护区范围内的黄淮海平原的农产品种植业,在我国农业经济开发利用中占据重要地位。黄河流域是我国重要的农业经济开发区域。④

　　黄河上游地区水能资源丰富,黄河水利枢纽工程建设,可有效利用水资源,进行水电开采利用,同时也保证黄河下游的长治久安。黄河流域已建成的水电站包括刘家峡水电站、盐锅峡水电站、八盘峡水电站、青铜峡水电站、三门峡水电站、龙羊峡水电站等。⑤ 黄河水携带泥沙量巨大,利用水库拦沙、调水调沙,协调水沙关系,促进排沙入海,是处理黄河泥沙的主要方式,⑥其中龙羊峡、刘家峡、黑山峡、碛口、古贤、三门峡、小浪底等水利枢纽,构成了黄河水沙调控工程体系主体。⑦

---

① 马献珍.黄河生态文化传播推动能源行业可持续发展[J].新闻爱好者,2020(4):69-71.
② 彭苏萍,毕银丽.黄河流域煤矿区生态环境修复关键技术与战略思考[J].煤炭学报,2020,45(4):1211-1221.
③ 黄河流域总土地面积11.9亿亩(含内流区),占全国国土面积的8.3%,流域内共有耕地1.79亿亩,人均1.83亩,约为全国人均耕地的1.5倍。在黄河流域,大部分地区光热资源充足,农业生产发展潜力很大。流域内有林地1.53亿亩,牧草地4.19亿亩,林地主要分布在中下游地区,牧草地主要分布在上中游地区,林牧业发展前景广阔。黄河流域还有宜于开垦的荒地约3 000万亩,主要分布在黑山峡至河口镇区间的沿黄台地(约2 000万亩)和黄河河口三角洲地区(约500万亩),是我国开发条件较好的后备耕地资源。资料来源:李靖宇,黄猛.关于黄河文明视角下的黄河沿岸经济带开发论证[J].开发研究,2008(5):6-14.
④ 郭晗.黄河流域高质量发展中的可持续发展与生态环境保护[J].人文杂志,2020(1):17-21.
⑤ 李靖宇,黄猛.关于黄河文明视角下的黄河沿岸经济带开发论证[J].开发研究,2008(5):6-14.
⑥ 三门峡水库1960年建成,水库拦沙约65亿吨,于20世纪60年代完成了拦沙任务;小浪底水库2000年建成,总库容126亿立方米,其中拦沙库容约75亿立方米,自建成蓄水以来,对下游河道实现全线冲刷,中水河槽过流能力得到了有效提高,水库已拦沙28亿立方米,预估2030年左右水库拦沙库容将淤满。资料来源:张金良.黄河古贤水利枢纽的战略地位和作用研究[J].人民黄河,2016(10):119-121,136.
⑦ 见《黄河流域综合规划(2012—2030年)》。

第二节　黄河流域社会经济发展变迁

一、社会政治变迁

远古时期,黄河中下游地区气候、地理环境适宜原始人类生存、聚居。在110万年前,"蓝田人"就在黄河流域生息繁衍,此外还有"大荔人""丁村人""河套人"等在黄河流域生活,黄河流域有仰韶文化、马家窑文化、大汶口文化、龙山文化等大量古文化遗址。在6 000多年前,黄河流域内开始出现农事活动,在4 000多年前血缘氏族部落形成,炎、黄二帝传说产生。炎、黄二帝成为华夏各民族的始祖,也是古老中华文明的缔造者和奠基人,对中华历史发展产生了深远影响。[①]

中原地区在龙山时代即已出现诸多古城,如淮阳平粮台古城、郾城郝家台古城、安阳后岗古城、辉县孟庄古城以及登封王城岗古城等,到了夏商周时期,城市规模更大并成为国家的中心。[②] 殷都遗存大量甲骨文,开创了中国文字记载的先河。从公元前21世纪夏朝开始,4 000多年的历史时期中,历代王朝在黄河流域建都时间延绵3 000多年。黄河流域的长安、咸阳、洛阳、开封等在相当长的历史时期,一直是中国的政治、经济、文化中心。[③]

"中国"的称呼在黄河流域逐渐形成。古代华夏族群在黄河中下游活动,以为是居于天下之中,故称"中国"。最初主要指以今河南省为中心的区域,后来

①　曹世雄.自然环境对黄河文明形成的影响:炎黄二帝称谓的内涵与中华文明的诞生[J].农业考古,2006(1):1-7.
②　江林昌.中国早期文明的起源模式与演进轨迹[J].学术研究,2003(7):86-93.
③　李庚香.黄河文明优良政治基因探奥[J].领导科学,2020(13):5-15.

随着华夏族群、汉族活动范围不断扩大，黄河流域乃至更广泛的区域被称作"中国"。① 同时，因古代华夏族群和后来的汉族多建都于黄河流域，政治优越，经济、文化发达，文明化程度远超周边其他地区，是四方仿效的榜样，"中国"也具有族群文明意义上的含义，是天下文明的中心，对应周边的地区则称为"四夷"。②

自西周至秦汉，黄河流域孕育了周秦汉唐的辉煌文明，黄河中游地区农耕经济繁荣，是全国的政治中心，西汉末年黄河下游平原地区逐渐成为核心经济区。到隋初，黄河流域的政治经济中心出现了东西二元分离的情况。③ 从秦汉到隋唐，中国的政治中心基本都在西安，但到北宋时期，中国的政治中心向东迁移到开封。④

南宋以后，中国城市空间布局的重心进一步"由北向南"，长江流域城市逐渐取代黄河流域城市成为中国经济发展的重心，南方人口的数量也超过北方，黄河流域城市逐渐衰落，有些城市甚至湮没、消失。⑤ 到南宋、元、明、清，政治中心先向南到杭州，后又到北京，黄河流域逐渐不再是中国的经济、政治中心。

---

① 张国硕（2019）整理了历史文献中关于"中国"的记载，西周文献《尚书·梓材》："皇天既付中国民，越厥疆土于先王，肆王惟德用，和怿先后迷民，用怿先王受命。"此处"中国"特指一定区域，应为殷商王朝的中心地区。汉代以后文献"中国"的地域范围有所扩大，《史记·天官书》："秦遂以兵灭六国，并中国。""六国"当包括齐、楚、燕、韩、赵、魏等诸国区域。《晋书·宣帝纪》："孟达于是连吴固蜀，潜图中国。"此"中国"是指三国时期的魏国版图。资料来源：张国硕.也谈"最早的中国"[J].中原文物，2019（5）：51-59.

② 如《战国策·赵策二》："中国者，聪明睿知之所居也，万物财用之所聚也，贤圣之所教也，仁义之所施也，诗书礼乐之所用也，异敏技艺之所试也，远方之所观赴也，蛮夷之所义行也。"《左传·僖公·僖公二十五年》："德以柔中国，刑以威四夷。"《孟子·梁惠王上》："欲辟土地，朝秦、楚，莅中国，而抚四夷也。"这里的"中国"主要是指东周时期中原各诸侯国，部分等同于"华夏""中原"的含义。西汉司马迁在《史记》中记载中原诸侯与秦国、吴国交往时，也往往用"中国"一词，如《秦本纪》："秦僻在雍州，不与中国诸侯之会盟。"《吴太伯世家》："自太伯作吴，五世而武王克殷，封其后为二：其一虞，在中国；其一吴，在夷蛮。"汉代以后"中国"一词也泛指中原各族群居地。如唐代诗人陈子昂《度峡口山赠乔补阙知之王二无竞》诗云："峡口大漠南，横绝界中国。"峡口山在今甘肃张掖地区，位于辽阔大漠的南边，横跨塞北。资料来源：张国硕.也谈"最早的中国"[J].中原文物，2019（5）：51-59.

③ 刘壮壮.农耕、技术与环境："黄河轴心"时代政治经济中心之离合[J].中国农史，2018（4）：46-60.

④ 廖寅.首都战略下的北宋黄河河道变迁及其与京东社会之关系[J].中国历史地理论丛，2019（1）：5-14.

⑤ 何一民，赵斐.清代黄河沿河城市的发展变迁与制约因素研究[J].福建论坛（人文社会科学版），2018（4）：99-109.

二、经济贸易发展

黄河流域是我国农耕经济的发源地。经过夏、商、周三朝,黄河流域中下游地区已经确立了旱作农业体系,战国秦汉时期,黄河中下游地区已成为经济最为繁荣、人口最为密集的地区。[①] 魏晋南北朝时,北方战乱,人口大量向南迁移,北方农耕生产受到严重破坏,北方一些先进的农业生产技术随之带到南方,南方长江流域得到了进一步开发,农业获得很大发展。

到隋唐时,南方长江流域经济发展速度加快。隋朝修建大运河,主要功能是南粮北运,每年由南方向北方运送粮食500万吨以上。[②] 安史之乱以后,唐王朝基本上全面崩溃,主要依靠江南道提供一定的经济支持。[③] 至北宋时,南方人口超过北方,经济发展水平也超过北方,南方通过运河向北方运送粮食达六七百万石[④]。至南宋,江南经济实力已经远远超过了江北,宋朝整个国家的经济基本上主要依靠江南诸路提供[⑤]。唐末至宋,全国文明中心由黄河流域南迁到长江流域。到元、明、清三代,南方经济发展全面超过北方[⑥]。

黄河流域是历史上东西方文化交流、经济贸易中心。汉代打通"丝绸之路",是一条东起我国、西至北非和欧洲的古代商路,我国的纺织品开始销往欧亚各国。丝绸之路鼎盛时期经历了魏晋南北朝以及隋唐,黄河流域是丝绸之路的起点,是东西方文明交流的主要通道。[⑦]

黄河流域作为我国长期的经济中心,到唐朝末期,全国经济中心地位开始向南方倾斜,北宋以后全国的经济中心、政治中心、文化中心已转移至南方,但之后在全国政治、经济、文化发展进程中,黄河流域及黄河下游平原地区仍处于重要地位。

---

① 刘壮壮.农耕、技术与环境:"黄河轴心"时代政治经济中心之离合[J].中国农史,2018(4):46-60.
② 孔繁德.中国古代文明持续发展与生态环境的关系[J].中国环境科学,1996(3):236-239.
③ 段昌群.人类活动对生态环境的影响与古代中国文明中心的迁移[J].思想战线,1996(4):75-88.
④ 同②。
⑤ 同③。
⑥ 同②。
⑦ 马永真.论黄河文明与伊斯兰文明在"一带一路"中的贡献、地位及作用[J].黄河文明与可持续发展,2017(2):15-20.

三、科学技术发展

黄河中下游地区有丰富的铜、铁等矿藏资源，为古代金属冶炼制造业发展提供了先天条件。中原地区从文明起源到文明形成过程中，青铜器一直是其重要标志，中原文明以青铜器见长。① 二里头遗址的发掘表明，我国夏代已掌握青铜冶铸技术，从历代出土的商代青铜器和商代冶铜遗址的发掘中都可以看到，我国冶铸青铜技术在殷商时期已经达到很高水平。② 商代已开始出现铁器冶炼。春秋末战国初期，冶铁业得到快速发展，炼铁炉使用了高效率的鼓风设备——橐，提高了冶炼水平和产品质量。③④ 中国古代的"四大发明"——造纸、活字印刷、指南针、火药，都产生在黄河流域。

黄土利于耕作，黄河流域盆地和河谷农业开垦、耕作历史悠久。黄河文明具有农耕文明属性，农耕技术方面，生产工具经历了使用石器、骨器、木器，经青铜器到铁器的进化过程。在石器时代，黄河流域就已经出现石犁，春秋后期牛耕出现，战国中后期铁犁用于牛耕，西汉时出现直辕犁，唐代出现曲辕犁。早在距今约7800年前的大地湾文化遗址中，就已经发现有早期作物稷、油菜籽等。⑤考古发现，西汉末年冶铁技术有了较大的进步，牛耕技术和耕犁也有了较大的进步。西汉晚期至东汉开始，黄河流域出现一牛挽犁的牛耕技术，农耕技术的发展成为黄河流域农耕经济繁荣的重要保障。⑥

① 江林昌.中国早期文明的起源模式与演进轨迹[J].学术研究,2003(7):86-93.
② 中国社会科学院考古研究所.中国考古学:夏商卷[M].北京:中国社会科学出版社,2003:65,373-404.
③ 傅筑夫.中国封建社会经济史:第1卷[M].北京:人民出版社,1981:232-233.
④ 李学智.古典文明中的地理环境差异与政治体制类型:先秦中国与古希腊雅典之比较[J].天津师范大学学报(社会科学版),2013(2):10-18.
⑤ 彭岚嘉,王兴文.黄河文化的脉络结构和开发利用:以甘肃黄河文化开发为例[J].甘肃行政学院学报,2014(2):13,92-99.
⑥ 刘壮壮.农耕、技术与环境:"黄河轴心"时代政治经济中心之离合[J].中国农史,2018(4):46-60.

四、变迁原因与启示

黄河流域经济社会发展历史上呈现自西向东、自北向南演变的原因,有黄河改道、水患以及气候、气温等自然环境变化的影响,也有技术进步、人对自然环境破坏和战争动乱、政局变动的影响。一是黄河流域气候、气温变化导致自然环境的变化。农业生产高度依赖自然气候条件,宋代以来,中国各地气候普遍经历了宋元暖期和明清小冰期两个温度截然不同的阶段。① 气候变化对北方黄河流域农业生产、桑蚕业发展等产生了很大影响,促使经济中心由北方向南方转移。② 二是人为因素的影响。农业种植、森林砍伐、冶炼矿藏开采等造成了对自然环境的破坏,出现水土流失、土地沙漠化、森林面积减少等环境问题,部分地域变得不再适合人类居住、农业种植,由此造成人群迁移。三是黄河改道和水患等自然灾害以及黄河流域交通不便等因素,也限制了黄河流域的经济社会发展。四是受战争动乱、政局变动等政治因素影响。魏晋南北朝、隋末唐初以及唐末五代时期,频繁发生的战乱使黄河流域城市屡遭破坏,造成人口大量南迁,经济中心也逐渐南移。③ 五是生产力发展和技术进步,尤其是牛耕技术的推广、拓展,使适宜耕地的范围不断扩大,人类生活、生产范围逐渐扩张,为人们在黄河流域各区域以及中国南北方的迁移提供了条件。

总结黄河流域经济社会发展变迁的历史经验,为我国当前生态环境保护、经济技术发展、社会稳定和民族团结等多方面带来重要启示。

一是经济发展与自然环境的关系问题。人类社会在发展过程中对大自然的破坏,导致大自然对人类的惩罚。黄河流域经济社会的变迁过程告诉我们,应正确处理人与自然的关系,树立尊重自然、敬畏自然、顺应自然、保护自然的

① 夏如兵.气候剧变与元代黄河流域蚕桑业的兴衰[J].中国农史,2020(2):105-116.
② 张纯成.黄河文明中心南迁的生态环境原因分析[J].自然辩证法研究,2010(11):118-123.
③ 何一民,赵斐.清代黄河沿河城市的发展变迁与制约因素研究[J].福建论坛(人文社会科学版),2018(4):99-109.

生态文明理念。当前黄河流域的经济发展，应保护自然环境，重视生态环境变化，与大自然和谐相处，应提升公众的环境保护意识，区域经济产值核算应纳入生态价值因素，解决生态环境的外部性问题。建设黄河流域生态文明，实现中华民族永续发展。

二是生产力与生产关系，以及与生产力发展相适应的社会组织与社会治理问题。黄河流域氏族、群落、城市等组织形式的产生与发展，与当时的生产力发展水平相适应，在黄河流域发展过程中起到了重要作用。为促进当前黄河流域经济社会发展，应充分发挥政府、市场和公众三方面的作用，建立适应黄河流域发展水平的治理模式、治理体系，提升流域治理能力和治理现代化水平；保护、开发流域传统村落，加强流域城镇化、城市化建设，实现流域乡村振兴；建设发展区域性中心城市、城市圈、城市群，吸引人口适当集聚，减少人类活动对生态敏感区域的影响，推动产业聚集和不同区域协调发展。

三是技术进步的作用问题。技术进步决定了人类社会的发展进程，黄河流域产生了冶炼技术、农耕技术以及四大发明，极大地促进了生产力的发展。唯有重视科技发展，重视创新，尤其本土技术创新，才能实现黄河流域复兴。自主创新是实现中华民族伟大复兴的不竭动力和根本途径。

四是经贸往来与区域协调发展问题。黄河流域历史上的丝绸之路建设、经贸往来、人员交流、资源流通等，极大地促进了其经济繁荣。黄河流域当前经济发展，需要重塑经济地理新空间和发展新格局，完善流域内基础交通设施建设，参与共建"一带一路"，上中下游统筹发展。

五是社会政治稳定与民族团结、贫困地区发展问题。黄河流域历史变迁过程告诉人们，保持政治稳定、社会稳定是经济发展的前提。黄河流域是多民族聚居地区，也是贫困人口集中地区，黄河流域的发展对于维护社会稳定、促进民族团结具有重要意义。要珍惜、维护安定团结的政治局面，发展民族团结进步事业，实施反贫困战略，打赢脱贫攻坚战，解决城乡之间、区域之间发展失衡问题，为黄河流域经济、社会、生态的可持续发展提供保障。

第三节　黄河流域与中华文明

一、中华文明孕育发展

千百年来,奔腾不息的黄河同长江一起,哺育着中华民族,孕育了中华文明。① 在石器时代,中国最早的文明在黄河流域形成,蓝田文明、半坡文明出现在黄河支流渭河,龙山文明出现在山东半岛。考古发现,在旧石器时代早期,黄河与渭河交汇地区已出现聚落,在旧石器中期聚落向北迁移至黄河南北及邻近区域,到旧石器晚期聚落数量增多并向黄河上下游扩展,向上至甘肃、内蒙古和宁夏地区,向下至古黄河的下游,今北京、天津、河北等地。新石器时代,黄河流域种植粟、黍等旱作农业,并饲养猪、狗以及牛、羊等家畜,考古遗址有大地湾遗址、上山遗址、半坡遗址和大汶口遗址等。② 黄河中下游地区产生了裴李岗文化、磁山文化、后李文化、仰韶文化、北辛文化、大汶口文化和龙山文化。

黄河流域成为我国远古文化的发展中心,公元前4000年至公元前2000年是黄河文明的形成期,③炎、黄二帝的传说就产生于黄河流域。在4 000多年前,黄河流域内形成一些血缘氏族部落,其中以炎帝、黄帝两大部族最强大,黄帝取得盟主地位并融合其他部族,形成"华夏族"。世界各地的中华儿女,都把黄河流域认作中华民族的摇篮,称黄河为"母亲河",为"四渎之宗",将黄土地视为自己的"根"。黄河流域地处早期人类活动的中心,适宜农业耕种,促进了农耕文明的产生发展,在气候变化、黄河泛滥,人们面临水灾挑战、治理洪水过程中促进了文明的发展,中华文明在黄河流域得到孕育。夏王朝建立,标志着中华文明进入了新的阶段。

---

① 习近平.在黄河流域生态保护和高质量发展座谈会上的讲话[J].求是,2019(20):4-11.
② 李小建,许家伟,任星,等.黄河沿岸人地关系与发展[J].人文地理,2012(1):1-5.
③ 李靖宇,黄猛.关于黄河文明视角下的黄河沿岸经济带开发论证[J].开发研究,2008(5):6-14.

夏朝建立后很长一段时期,我国文明中心包括政治中心、经济中心、文化中心等都在黄河流域。夏商时期虽屡次迁都,但夏都一直在河洛平原,商都则在黄河和济水所在的华北平原,①夏商周奠定了黄河文明的根基。周朝以后随着气候变化、黄河河道变迁、生态环境变化,我国文明中心在黄河中游、中下游不断转移,包括西安、洛阳、开封等地,多次反复。宋代是中国古文明即黄河文明的巅峰,北宋的文明中心开封,即处于黄河沿岸,是在夏商周文明模式基础上的延伸和发展,是黄河文明的最后一个中心。②

在 5 000 多年前,中华文明于多个地点同时并起,而在距今 4 000 年之前,北方地区、江浙地区、海岱地区、江汉地区的几支文化都先后衰落乃至中断,唯独中原地区持续发展,最终建立以部族联盟共主世袭制为特征的早期文明国家,到夏商周三代,才逐步完成了以中原文化、黄河文明为核心的中华文明发展的多元一体格局。③ 黄河流域作为中华文明的核心地带,黄河文明中心沿着黄河转移。在北宋末年"靖康之难"之后,黄河文明转移到长江中下游地区,成为中华文明的重要组成部分,在和长江文明融合之后,黄河文明依然起着主导作用,是中华古文明的核心和代表。④⑤

黄河文明中心多次迁移,多难兴邦,华夏民族就是在气候变化、河水泛滥、战争冲突中形成和发展起来的。中国社会的发展、国家的产生、文明的形成,都与黄河流域密切相关。在中国历史和人类文明史上,黄河不仅是一条河流,还是一种伟大文明的象征,是中华民族的母亲河,是中华文明的摇篮。把黄河的事情办好,实现黄河文明复兴,黄河文明的复兴也是中华民族的伟大复兴。

①　李小建,许家伟,任星,等.黄河沿岸人地关系与发展[J].人文地理,2012(1):1-5.
②　张纯成.黄河文明中心不断转移的生态环境研究[J].自然辩证法研究,2009(9):95-100.
③　江林昌.中国早期文明的起源模式与演进轨迹[J].学术研究,2003(7):86-93.
④　安作璋,王克奇.黄河文化与中华文明[J].文史哲,1992(4):3-13.
⑤　张纯成,张蓓.中华文明形成"一体"的生态环境原因研究[J].自然辩证法研究,2015(7):116-121.

二、黄河流域中华文明：黄河文化

产生于黄河流域的中华文明，称为黄河文明、黄河文化。关于什么是黄河文化，学者从不同角度进行了界定。安作璋指出，黄河文化，或称"黄土文化"，指产生发展于黄河流域的一种地域性文化。李振宏、周雁认为，文化主要是指一个民族精神生活的内容、方式和特点，既表现为哲学、法学、宗教、史学、科技、文学、艺术、语言文字、风俗习惯等具体的意识形态，也表现为支配民族生活的那些不易直接体察的民族的深层心理素质，如价值观念、道德意识、思维方式、民族性格等。黄河文化是缘黄河而起的打上了黄河水文地理特征的一种旱地农业文化，是黄河流域人民在黄河岸边生息、繁衍、奋斗、发展的历史过程中形成的民族性格、文化观念、思想风尚、风俗习惯，是黄河流域人民精神生活的内容、方式和特点。徐吉军认为黄河文化包括广义和狭义两方面的内涵，广义上的黄河文化，就是黄河流域人民在长期的社会实践中所创造的物质财富和精神财富的总和，它包括一定的社会规范、生活方式、风俗习惯、精神面貌和价值取向，以及由此所达到的社会生产力水平等；而狭义上的黄河文化，则是历史学意义上的文化。

关于黄河文化包含的内容，李小建等认为，黄河文化包括黄河流域衍生出的具有鲜明地方化特征的晋商文化、中原文化和齐鲁文化，本质是传统儒家文化，即黄河文明。马英杰指出，黄河文明就是在黄河流域繁衍和发展的物质文明与精神文明的总和，可从生产方式、文化模式和施政理念上大致包括耕牧文明、礼乐文明和大一统观念。彭岚嘉、王兴文认为，黄河文化首先是在地理空间上以黄河流域为限度的区域文化，黄河文化是黄河流域的人们在与黄河、黄土、季风等自然条件之间的实践关系中，改造自然和自身过程中所不断积累的物质与精神层面的文化总和，黄河文化包括社会规范、生活方式、风俗习惯、精神面貌和价值取向等一般所说的文化的内涵。

综合来看，黄河文化是产生发展于黄河流域、具有黄河水文地理特征的旱地农业文化,是黄河流域人民在长期的社会实践和历史发展过程中形成的民族性格、思想观念、风俗习惯、社会规范、生活方式、道德意识、思维方式、精神面貌和价值取向等的综合,黄河文化是一种大河文化、农业文化,是产生发展于黄河流域的中华文明。

三、黄河文化的核心价值

黄河文化的核心价值,可归纳为人文精神与民本主张、社会伦理与仁义道德、正统思想与文化同化、博大包容与求同存异等方面。

一是人文精神与民本主张。黄河文化具有突出的人文精神与民本主张,这种人文精神表现为对人的重视和关怀,中华传统文明具有崇拜祖先、尊敬圣人、尊师重道、尊重贤德之人的社会风尚,把重视人、教育人、提升人、优化人放在最重要的位置,重视学习、重视教育、重视文化也成为世代相传的优良传统。[1] 人的繁育、生存、培养是一个民族延续、社会发展的基本条件,民本思想表现为“民贵君轻”“政在养民”的政治主张,要求君主要为民、亲民、爱民、重民、利民,这样社会才会稳定,民族才能进步,国家才能稳定。民本主张是黄河文化核心价值的一个重要体现。[2]

二是社会伦理与仁义道德。黄河文化具有社会伦理色彩,是一种社会伦理型文化,要求向全体社会成员最大限度地传播文化知识,增强社会成员遵守伦理原则的自觉性。[3] 黄河文化重视文化传播,重视教育,培养人的责任感、使命感和积极进取、敢作敢为的精神,提高了全民族的文化素质和文明程度。黄河文化崇尚仁义道德,重视以仁、义、礼、智、信为核心的道德修养,把仁、义、礼、智、信的要求贯穿社会生活的各个方面,渗透到人们的思想意识和行为方式之

---

① 徐光春.黄帝文化与黄河文化[J].中华文化论坛,2016(7):5-14.
② 同①。
③ 李振宏,周雁.黄河文化论纲[J].史学月刊,1997(6):76-84.

中。仁义道德成为黄河文化的核心价值,也成为中华民族的传统道德。①

三是正统思想与文化同化。黄河文化的政治特征表现为正统性,人们社会生活中强调遵从宗法关系、礼乐制度,这种观念形态在政治上不断强化为正统思想。国家形态在黄河流域形成,并发展为专制主义的中央集权制度,强大的政治统一局面,进一步形成了以正统思想为核心的黄河文化。正统文化强调"华夷之辨""以夏变夷",表现出一种强烈的优越感和同化力。② 历史上匈奴、鲜卑等诸多少数民族在进入中原地区后,均逐渐被正统文化同化,形成统一的中华民族。黄河文化以其强大的同化能力,不断充实和完善自身,在保留自身文化特色基础上不断融合,对异质文化进行同化,持续发展数千年而不间断。

四是博大包容与求同存异。黄河文化是一种包容性极强的文化体系,黄河文化本身是由多种区域文化不断融合而形成的。黄河流域经夏、商、周三代后形成了以周文化为核心的华夏文化,后经历了春秋战国时期秦文化、三晋文化、齐文化、鲁文化,最终齐鲁文化占据主导地位。之后黄河文化又不断吸收了主要来自西方和北方的少数民族文化,并与江南的百越、巴蜀、楚文化相结合,形成了博大包容的特征。③ 这种包容性还体现在人与人之间、部落与部落之间、族群与族群之间、国与国之间和睦相处,人与自然、人与天之间的关系,强调道法自然、天人合一。黄河文化在多种文化思想的融合过程中,又体现了思想之间的求同存异,以及文化之间的和而不同。中华文化多元一体,中华民族多元一体、共生共荣,是中华文化博大包容与求同存异特征的体现。

四、文化传承与民族复兴

黄河文化是实现中华民族伟大复兴、坚定现代中国发展道路最为深厚、最

---

① 徐光春.黄帝文化与黄河文化[J].中华文化论坛,2016(7):5-14.
② 安作璋,王克奇.黄河文化与中华文明[J].文史哲,1992(4):3-13.
③ 同②。

为核心、最为可靠的文化根基和历史依据,是中华民族的根本血脉,是中华民族之根。① 保护、传承、弘扬、发展黄河文化,坚定文化自信,弘扬民族精神,为国家富强、民族振兴凝聚精神力量,实现中华民族的伟大复兴。

一是弘扬正统精神,发挥体制优势,促进经济发展。中国特色社会主义制度具有显著的体制优势,坚持中国共产党的领导,坚持全面依法治国,实行民主集中制,保证人民当家做主,是历史的选择,经过了长期实践检验。当前世界正面临着百年未有之大变局,我国经济发展也面临着国内外的一系列挑战,尤其是国际政治、经济形势变化带来的巨大挑战。我国的体制优势,植根于中华民族深厚的历史文化传统,弘扬黄河文化正统精神,弘扬传统中华文化"凝聚力"和"大一统"精神,发挥"集中力量办大事"的体制优势,以我为主,积极应对重大风险挑战,发挥内需在经济发展中的主导作用,促进黄河流域高质量发展,实现以经济内循环为主体的经济双循环战略目标,就能实现中华民族的伟大振兴。

二是建设农业文明,关注民生,助力乡村振兴。黄河流域农业农村经济不够发达,还存在相对落后、相对贫困地区,人均收入水平偏低。乡村兴则国家兴,乡村衰则国家衰,黄河文明的一个典型特征是农耕文明,黄河文化是一种典型的农业文化。② 关注民生,传承发展黄河文化,复兴农业文明,提高黄河流域广大人民的收入水平,消除贫困,发展农业,助力实现乡村振兴。

三是兼容并包,多元融合,构建和谐社会。黄河文化是黄河流域农耕文明、草原文明和长江流域稻作文明的融合,是各民族文化交流、不同宗教信仰的交融凝聚,是各民族商贸交往、经济往来的融合,是多元一体的中华文明。弘扬黄河文化,维护民族团结,促进黄河流域区域经济、文化的深度融合,促进流域一体化发展,构建社会主义和谐社会。

四是践行天人合一,建设生态文明。黄河文化是人文与自然关系的体现。

---

① 王震中.黄河文化:中华民族之根[N].光明日报,2020-01-18(11).
② 安作璋,王克奇.黄河文化与中华文明[J].文史哲,1992(4):3-13.

黄河改道产生了洪水泛滥和洪涝灾害,一方面给人类社会生产造成了极大的破坏,另一方面也形成了广阔的平原和肥沃的土地。黄河流域中华民族的发展史,是一部团结协作、不畏艰险与黄河洪水抗争、治理黄河的历史,有"人定胜天"的思想体现,同时也体现了道法自然、人与自然和谐相处的思想,有"天人合一"的理念。弘扬传统文化,继承劳动人民勤劳勇敢、不畏险阻的精神,以史为鉴,从黄河流域发展的历史兴衰中总结经验,吸取教训,提高科学认识,善待黄河,天人共存,推动黄河生态治理,建设黄河生态文明。生态兴则文明兴,实现黄河流域工业文明向生态文明的转型和高质量发展。

2

全局与系统：『黄河战略』的长远价值与意蕴

习近平总书记于 2019 年 9 月 18 日在郑州主持召开黄河流域生态保护和高质量发展座谈会并发表重要讲话。他强调,黄河流域生态保护和高质量发展,同京津冀协同发展、长江经济带发展、粤港澳大湾区建设、长三角一体化发展一样,是重大国家战略。[①] 本章从全局层面系统性讨论黄河战略实施的长远价值与意蕴,包括新中国成立后黄河治理、黄河流域生态保护和经济发展取得的成绩,实施黄河战略面临的问题与挑战,以及实施黄河战略的使命与愿景。

第一节 黄河治理:黄河宁,天下平

一、新中国成立后的黄河治理

中华民族同黄河洪涝灾害进行了长期斗争,擅治国者必先治水,黄河的治理史也是一部国家的治理史,即所谓"黄河宁,天下平"。新中国成立后,党和国家领导人都非常关心黄河治理问题。"要把黄河的事情办好",是毛泽东在新中国成立后第一次离京外出考察在视察黄河时提出的要求和发出的伟大号召。

水害治理、河道安全是黄河治理的首要任务。黄河下游在历史上多次决口、改道,一方面塑造了华北大平原,另一方面河道北泛天津入渤海、南侵淮河入黄海,给河北、河南、江苏、山东等广大地区造成巨大的洪水灾难。新中国成立后,分别在 1950—1957 年、1962—1965 年、1974—1985 年以及 1996—2018 年进行了 4 次大修堤。当前黄河下游河道河滩面一般高出背河地面 4~6 米,部分河段高出甚至达 12 米,形成"地上悬河",对大堤安全形成严重威胁。发生决堤将对黄河中下游地区经济发展、社会稳定造成极大影响,洪水所带泥沙会淤积、抬高地面,使耕种土地沙化,对淮河水系、海河水系产生淤堵,破坏黄淮海平原

---

① 习近平.在黄河流域生态保护和高质量发展座谈会上的讲话[J].求是,2019(20):4-11.

生态系统。采取人工改道、分流等措施则影响太大,并不可行。① 在将来很长的一段时期内,防止黄河中下游河道决堤,保障现有黄河河道安全、稳定行河,改变黄河"三年两决口、百年一改道"的历史,杜绝黄河下游洪水灾害造成的灾难,实现河道安全、黄河安澜,依然是黄河治理的重大任务。

黄河河道安全与水土流失、水沙治理密切相关。黄河水土流失问题主要产生于黄河中游的黄土高原,黄土土体疏松,抗侵蚀能力弱,遇水后迅速分散、崩解,极易渗水和随水流失,造成黄河下游河道淤积抬高,加大防洪风险、决堤风险。新中国成立后,加强黄河水土流失治理、水沙治理,修筑梯田、治沙防洪,建设淤地坝、水库、水利枢纽工程,防洪减灾体系逐步建立完善。黄河流域实施退耕还林还草工程,提高了林草植被覆盖率等。20世纪50年代至今,黄土高原水土流失治理经历了坡面治理、沟坡联合治理、小流域综合治理和退耕还林还草等四个阶段,取得了举世瞩目的成效。② 黄河含沙量近20年累计下降超过八成,平均每年拦减流入黄河的泥沙4亿多吨,有效减缓了下游河床淤积抬高的速度。黄河水少沙多、水沙异源问题得到逐步解决。

龙羊峡水电站枢纽、小浪底水利枢纽在黄河治理开发过程中发挥了关键作用。龙羊峡水电站枢纽位于青海省共和县,坝址上距黄河源头1 684千米,下至黄河入海口3 376千米,1976年开始建设,1979年实现工程截流,2000年竣工验收,是黄河上游第一座大型梯级电站,我国第二大水电站,是一座以发电为主,兼有防洪、灌溉、防汛、渔业、旅游等综合功能的大型水利枢纽。小浪底水利

① 根据人工改道方案的初步研究,一次改道涉及河道面积约4 200平方千米,需占压基本农田约400万亩,迁移人口300万~400万人,由此看,试图采用人工改道、分流等措施降低河道淤积,防止黄河决口带来的灾害的方案,由于影响巨大而不可行。资料来源:张金良.黄河古贤水利枢纽的战略地位和作用研究[J].人民黄河,2016(10):119-121,136.

② 20世纪50年代至60年代中期,治理主要对象为黄土坡面;60年代中期至70年代末期为沟坡联合治理阶段,该阶段水土流失治理措施注重治沟和治坡相结合,70年代黄河泥沙出现减少趋势;70年代末至90年代为小流域综合治理阶段,该阶段黄河泥沙量持续下降;2000年至今为退耕还林还草治理阶段,植被从1999年的31.6%增至2017年的约65%,有效控制了黄土高原水土流失,入黄泥沙减至2亿吨左右。资料来源:陈怡平,傅伯杰.关于黄河流域生态文明建设的思考[N].中国科学报,2019-12-20(6).

枢纽位于河南省洛阳市孟津县与济源市之间,三门峡水利枢纽下游130千米、河南省洛阳市以北40千米的黄河干流上,1991年开工建设,2009年竣工验收,控制流域面积69.4万平方千米,占黄河流域面积的92.3%。小浪底水利枢纽发挥了减淤、防洪、防凌、发电、供水灌溉等功能,成为治理开发黄河的综合性关键工程。

黄河治理的一项重要工程是引黄灌区及供水区建设。1951年在河南新乡地区兴建引黄灌溉济卫(河)工程——人民胜利渠,开创了在下游大堤上开闸引水灌溉的先例。黄河下游引黄灌区面积逐步扩大,通过自流、提水和补源灌溉黄河水等方式,成为一个有效利用黄河水资源的特大型灌区。供水工程建设方面,建设引黄济津、引黄济冀、引黄济青等系列供水工程,向黄河中下游地区重要城市和油田、工矿企业提供水源。[①]

2019年9月18日,中共中央总书记习近平在郑州主持召开黄河流域生态保护和高质量发展座谈会并发表重要讲话,强调要坚持绿水青山就是金山银山的理念,坚持生态优先、绿色发展,以水而定、量水而行,因地制宜、分类施策,上下游、干支流、左右岸统筹谋划,共同抓好大保护,协同推进大治理,着力加强生态保护治理、保障黄河长治久安、促进全流域高质量发展、改善人民群众生活、保护传承弘扬黄河文化,让黄河成为造福人民的幸福河。

二、黄河治理面临的问题与挑战

黄河治理当前面临的问题主要包括洪水风险、洪涝灾害、水土流失、水质污染以及水资源短缺等。

---

① 目前黄河流域已建大、中、小型水库3 100余座,总库容580亿立方米,装机容量25千瓦以上水电站有15个;修建引水工程4 500余处,提水工程2.9万处;黄河下游还兴建了向黄淮海平原地区供水的引黄涵闸94处。资料来源:陈怡平,傅伯杰.关于黄河流域生态文明建设的思考[N].中国科学报,2019-12-20(6).

一是洪水风险与洪涝灾害。黄河流域最大的威胁依然是洪水风险和洪涝灾害，最重要的任务依然是洪水防御。1950 年以来的 70 年，黄河发生 12 次超过 10 000 立方米/秒的大洪水，黄河下游发生大洪水的风险依然存在。① 黄河上游洪水表现为历时长、洪量大，自 20 世纪 50 年代以来，在黄河上游宁蒙河段河道逐年淤积抬高，局部河段也已成为新"悬河"，河床平均高出背河地面 4~6 米，其中新乡市河段高于地面 20 米，威胁到大堤两岸居民的安危。中游三门峡以上的"上大型"洪水表现为洪峰高、洪量大、含沙量高，"下大型"洪水表现为洪峰高、涨势猛、预见期短，对下游防洪威胁大。小浪底水库调水调沙后续动力不足，水沙调控体系无法充分发挥整体合力。黄河下游地上悬河长达 800 千米，洪水预见期短、威胁大，防洪形势严峻。下游滩区具有黄河滞洪沉沙、防洪运用功能，与滩区群众居住生存、发展经济需求存在长期矛盾，影响河道行洪和群众安全。黄河高出地面的悬河一旦堤防决溢，将带来毁灭性灾难，同时会裹挟大量泥沙导致山体滑坡、泥石流等次生灾害，影响范围广，涉及人口多。

二是水土流失。黄河流域水沙空间分布不均衡，水土流失成为黄河流域的生态环境灾害。黄河 50% 以上的径流量都来自黄河上游区域，但 90% 以上泥沙来源于黄河中游区域，这种不均衡的空间分布，造成黄河流域资源开发与环境保护之间的突出矛盾。② 黄河流域大部分属于干旱半干旱区，流经穿越黄土高原，水土流失面积广阔，是全球水土流失最为严重的区域之一。③ 中游地区水土流失强度大，治理难度大，下游地区河道泥沙易淤积，"二级悬河"趋势不断加剧，容易发生洪涝灾害，洪水泥沙对下游地区的经济可持续发展、生态环境保护造成了严重威胁。

三是水质污染。水质污染治理是黄河治理的一项长期艰巨任务。黄河水

---

① 张金良.黄河流域生态保护和高质量发展水战略思考[J].人民黄河,2020(4):1-6.

② 郭晗.黄河流域高质量发展中的可持续发展与生态环境保护[J].人文杂志,2020(1):17-21.

③ 根据 1985 年、1999 年、2011 年和 2018 年四次土壤侵蚀遥感调查监测结果,我国当前仍有超过 1/4 的国土面积存在水土流失,而黄河流域水土流失最严重,占全国水土流失总面积的 89% 左右.资料来源:何爱平,安梦天.黄河流域高质量发展中的重大环境灾害及减灾路径[J].经济问题,2020(7):1-8.

质污染的来源:一是工业用水排放,黄河流域产业结构偏重,是我国煤炭、石油等能源产品的主要生产与供给基地,煤炭采选、煤化工、钢铁、建材、有色金属冶炼等高耗水、高污染企业众多,其中煤化工企业占全国总量的80%;二是黄河流域作为粮食主产区,存在农业种植化肥农药等使用污染;三是流域居民的生活污水排放,排放量从上游、中游到下游地区明显逐次逐渐增加,与黄河流域的空间经济发展格局分布相一致,经济发展程度越高,排放量越大。① 近30年来,排入黄河的废污水总量呈现逐年增加态势。②

四是水资源短缺。黄河是我国北部区域重要水源,承担着宁夏平原、河套平原、汾渭平原、华北平原15%耕地面积的灌溉任务,黄河流域本身和流域外的引黄灌区有效灌溉面积达1亿亩以上,同时承担着全国12%人口供水任务。③但黄河整体水流量小,季节性变化大。黄河流域属于我国北方资源性缺水区域,整个黄河流域水资源严重短缺,且近年来黄河流域径流量呈现日益减少态势,④伴随经济发展和人民生活水平的提高,用水需求不断加大,⑤水资源供需矛盾、上下游争水矛盾突出。黄河流域自古以来是干旱频发的重灾区,呈现旱情加剧趋势,不仅影响农业用水,大片农田得不到灌溉,同时也会影响大牲畜饮

---

① 关于黄河流域的环境污染排放量,黄河流域的废水排放总量达到144亿吨,占全国的20.68%;化学需氧量排放量达到178.29万吨,占全国的17.45%;氨氮排放量达到25.28万吨,占全国的18.12%。资料来源:郭晗,任保平.黄河流域高质量发展的空间治理:机理诠释与现实策略[J].改革,2020(4):74-85.

② 排入黄河的废污水总量,从20世纪80年代初期的21.7亿吨,增加至90年代初期的42亿吨,2016年为43.37亿吨,2017年为44.94亿吨,废污水大量排放是黄河水污染的主要原因。资料来源:陈怡平,傅伯杰.关于黄河流域生态文明建设的思考[N].中国科学报,2019-12-20(6).

③ 赵钟楠,张越,李原园,等.关于黄河流域生态保护和高质量发展水利支撑保障的初步思考[J].水利规划与设计,2020(2):1-3.

④ 根据兰州水文站、三门峡水文站以及花园口站观测数据,20世纪50年代以后,尤其是2000年以后,黄河干流径流量在波动中下降。与基准流量相比,1999—2016年兰州水文站平均径流减少了21%,三门峡水文站平均径流减少了60%,花园口站平均径流减少了59.5%。资料来源:陈怡平,傅伯杰.关于黄河流域生态文明建设的思考[N].中国科学报,2019-12-20(6).

⑤ 从用水绝对量的动态变化来看,黄河流域总用水量从2004年的1 154.8亿立方米,增加到2018年的1 271.1亿立方米,增加116.3亿立方米,增长了10.07%。资料来源:赵莺燕,于法稳.黄河流域水资源可持续利用:核心、路径及对策[J].中国特色社会主义研究,2020(1):52-62.

水困难,旱灾易造成巨大损失。①

三、黄河治理：使命与愿景

黄河治理保护是事关中华民族伟大复兴的千秋大计,实施黄河战略,建设安全黄河、绿色黄河、和谐黄河、民生黄河,保障黄河长治久安,岁岁安澜,国泰民安。

一是抵御灾害、减灾防灾,建设安全黄河。保障现有黄河河道安全,稳定行河,维护大堤安全,抵御黄河水灾风险,保障黄河长治久安,建设安全黄河。第一,分析黄河灾害风险来源,包括黄河干流、支流地质构造、地形地貌、水文地质状况与演化历史,区域气候变化状况,地质灾害产生的原因、演变过程、灾害效应等。第二,构建防洪减灾防控体系,建立灾害预测模型,对黄河流域重大地质灾害易发区域、时间等进行科学预测,对决堤与河道改变、水灾、旱灾等提前进行防治,通过防洪减灾防控体系建设,使黄河流域地质灾害做到可提前预测、整体可控。第三,上中下游协同治理,上中游补齐防洪工程短板,下游河道、滩区实施综合提升治理工程,提升洪水风险管控能力,共同建设安全黄河,保障黄河长治久安。

二是减少水土流失,建设绿色黄河。解决黄河水少沙多、水沙异源以及水土流失问题,生态优先、绿色发展,建设绿色黄河。第一,转变发展理念,改变经济发展以生态环境牺牲为代价的模式,实行生态环境保护制度,加强黄河流域生态环境保护,黄河上游地区推进实施生态保护修复和建设工程,提升水源涵养能力;黄河中游地区做好水土保持、污染治理,减少水土流失;保护下游黄河三角洲地区湿地生态系统,提高生物多样性。第二,建设完善黄河水沙调控机

---

① 1950—1974 年的 25 年,黄土高原地区共发生旱灾 17 次,平均 1.5 年一次,其中严重旱灾 9 次。1980 年以后,黄河流域极端干旱和干旱的发生频次均有增加的趋势,上中游地区多次出现严重旱灾。资料来源:何爱平,安梦天.黄河流域高质量发展中的重大环境灾害及减灾路径[J].经济问题,2020 (7):1-8.

制,解决黄河水少沙多、水沙异源问题,实施河道、滩区综合提升治理工程,实施防风固沙,治理上游荒漠化和沙化土地,减少黄土高原水土流失,减缓黄河下游淤积问题,保障黄河大堤安全。第三,建立黄河流域生态补偿机制,尤其是全面调控黄河流域各相关主体利益关系,调动积极性,形成补偿实施内生动力,[①]推进跨省流域上下游横向生态补偿,突破行政区划管理边界,建设上下游地区间共建共享机制以及重点生态功能区财政转移支付机制。第四,加强水土流失、生态保护监督监测,依法实行严格的水土保持监管,充分利用高新技术手段,实现黄河流域动态监管的全覆盖、常态化,严控人为水土流失。[②]

三是资源环境区域协同,建设和谐黄河。解决黄河水量不足、上中下游争水矛盾,提高黄河流域水资源配置效率、利用效率,科学解决黄河流域水环境失衡问题,流域各区域协同发展,建设和谐黄河。第一,经济发展、资源开发注重解决人与自然和谐问题,遵循人地协调、用水协调原则,实现经济发展与资源环境承载力优化配置,把水资源作为最大的刚性约束,节约用水,还水于河,集约利用水资源,减少资源消耗,实现流域资源高效开发利用。第二,协调区域发展和产业发展,根据黄河流域区域资源禀赋、产业基础、人员技术等情况,调整产业结构,产业发展量水而行,以水定地、以水定产,推动各区域相互协调、综合规划,促进区域协调发展,建设黄河流域现代产业体系。第三,城市发展、农村发展协调,发挥西安、郑州国家中心城市带动作用,推动沿黄地区中心城市及城市群高质量发展的同时,加强城镇化建设,带动城乡协调发展。

四是保障群众生活,建设民生黄河。保障黄河安全,加大保障和改善民生投入,解决黄河流域贫困问题,提高人民群众幸福感,建设民生黄河。第一,保障黄河安全、民生安全,解决下游黄河滩区群众的生活问题,提高滩区群众生活水平。第二,解决黄河流域城乡收入差距与贫困问题,提高流域城乡公共服务

---

① 董战峰,郝春旭,璩爱玉,等.黄河流域生态补偿机制建设的思路与重点[J].生态经济,2020,36(2):196-201.

② 张金良.黄河流域生态保护和高质量发展水战略思考[J].人民黄河,2020(4):1-6.

水平,保障和改善民生,助力脱贫。第三,在经济发展、环境保护的同时,处理好工业用水、生活用水、环境生态用水的关系,坚持因地制宜,发挥各地比较优势,分类施策,处理好经济发展、生态保护和生态安全的矛盾,让人民群众安居乐业。

第二节　生态保护:筑起安全屏障,建设生态文明

一、新中国成立后黄河流域生态保护

新中国成立后,黄河流域生态保护进程可分为三个阶段。第一阶段是新中国成立后到 20 世纪 70 年代末期,黄河流域资源利用超出黄河承受力,流域生态保护处于"被动"状态。新中国成立初期,当时农业生产水平低,物资匮乏,人们对黄河的保护意识较为淡薄,作为我国粮食生产区的黄河中下游地区,农业生产对水土资源的利用超出了黄河承受能力。黄河中上游流域煤炭、石油开采技术水平低,资源遭到破坏、过度开发且二次污染严重,黄河流域生态环境受到极大威胁,环境保护面临严峻挑战,黄河生态保护处于被动状态,①②生态环境保护意识较弱,对黄河生态保护重要性的认识程度处于初步阶段。

第二阶段是改革开放以来到党的十八大召开之前,黄河流域经济发展的同时,面临的生态环境压力增大,是生态环境保护意识增强、转变阶段。

20 世纪 80 年代以来,国际社会越来越关注气候变化、碳排放、大气污染问题,联合国气候变化大会自 1995 年起每年在世界不同地区轮换举行,联合国环境规划署和世界气象组织于 1988 年成立了政府间气候变化专门委员会,1992年 5 月通过《联合国气候变化框架公约》。我国国内经济快速发展的同时,也带

---

①　马献珍.黄河生态文化传播推动能源行业可持续发展[J].新闻爱好者,2020(4):69-71.
②　杜学霞.黄河生态文化 70 年传播的基本经验[J].新闻爱好者,2019(11):31-33.

来了环境污染、大气污染、土地荒漠化、水土流失等诸多环境问题。认识到"边发展、边污染""先污染、后治理"的道路行不通,1989 年 12 月,《中华人民共和国环境保护法》通过并施行,[①]通过环境立法方式,保护和改善环境,防治污染和其他公害,推进生态文明建设,促进经济社会可持续发展。

2003 年 7 月,胡锦涛提出科学发展观思想,"坚持以人为本,树立全面、协调、可持续的发展观,促进经济社会和人的全面发展",按照"统筹城乡发展、统筹区域发展、统筹经济社会发展、统筹人与自然和谐发展、统筹国内发展和对外开放"的要求推进各项事业的改革和发展。[②] 2007 年 10 月,党的十七大报告提出,深入贯彻落实科学发展观,坚持生产发展、生活富裕、生态良好的文明发展道路,建设资源节约型、环境友好型社会,实现速度和结构质量效益相统一、经济发展与人口资源环境相协调,使人民在良好生态环境中生产生活,实现经济社会永续发展。建设生态文明,形成节约能源资源和保护生态环境的产业结构、增长方式、消费模式。主要污染物排放得到有效控制,生态环境质量明显改善。生态文明观念在全社会牢固树立。

中国共产党领导人民治理黄河 60 周年之际,胡锦涛指出,黄河是中华民族的母亲河,黄河治理事关我国现代化建设全局,人民治理黄河事业成就辉煌,但黄河的治理开发仍然任重道远,必须认真贯彻落实科学发展观,坚持人与自然和谐相处,全面规划,统筹兼顾,标本兼治,综合治理,加强统一管理和统一调度,进一步把黄河的事情办好,让黄河更好地造福中华民族。[③]

改革开放以来到党的十八大召开之前,黄河流域煤炭、冶金等能源工业得到快速发展,流域居住人口数量增长,黄河流域尤其是中下游地区工业污染不断加重,环境出现恶化,黄河流域面临着巨大的生态压力,国家对环保污染事件

---

① 《中华人民共和国环境保护法》于 1989 年 12 月 26 日第七届全国人民代表大会常务委员会第十一次会议通过并施行,2014 年 4 月 24 日第十二届全国人民代表大会常务委员会第八次会议修订,自 2015 年 1 月 1 日起施行。

② 李君如.从邓小平的发展理论到科学发展观[J].毛泽东邓小平理论研究,2004(8):3-12.

③ 水利部黄河水利委员会.人民治理黄河六十年[M].郑州:黄河水利出版社,2006.

的打击整治力度不断加大。科学发展观思想的提出，要求黄河治理、黄河流域发展要坚持人与自然和谐相处的原则，坚持文明发展道路，保护黄河生态环境意识不断增强。

第三阶段是 2012 年 11 月党的十八大召开以来，黄河治理和生态保护进入一个新的阶段，是黄河流域"美丽中国"建设和黄河生态文明建设的新时代。

党的十八大报告提出经济建设、政治建设、文化建设、社会建设和生态文明建设"五位一体"的总体布局，生态文明建设纳入中国特色社会主义总体布局，将建设"美丽中国"作为奋斗目标。中共中央、国务院于 2015 年 4 月 25 日印发的《关于加快推进生态文明建设的意见》指出，生态文明建设关系人民福祉，关乎民族未来，是实现中华民族永续发展的必由之路，坚持绿水青山就是金山银山，动员全党、全社会积极行动，深入持久地推进生态文明建设，加快形成人与自然和谐发展的现代化建设新格局，开创社会主义生态文明新时代。

2017 年 10 月，党的十九大报告提出，建设生态文明是中华民族永续发展的千年大计，是构成新时代坚持和发展中国特色社会主义的基本方略之一。2018 年 3 月，建设"美丽中国"和生态文明写入《中华人民共和国宪法》，十八届五中全会将加强生态文明建设作为新内涵写入我国"十三五"规划，国家生态文明建设进入了新的阶段。

习近平总书记十分关心黄河治理和生态保护与流域高质量发展，多次实地考察黄河流域生态保护和发展情况，就三江源、祁连山、秦岭等重点区域生态保护建设提出要求。2014 年 3 月，他到河南兰考县调研，专程前往焦裕禄当年防治风沙取得成功的东坝头乡考察。2016 年 7 月，他在宁夏考察调研时强调，要加强黄河保护，坚决杜绝污染黄河的行为，让母亲河永远健康。2019 年 9 月 18 日，习近平在郑州主持召开座谈会指出，保护黄河是事关中华民族伟大复兴的千秋大计，明确提出了黄河流域生态保护和高质量发展的重大国家战略。习近平在充分肯定黄河流域生态保护和生态环境持续明显向好的同时，指出"流域生态环境脆弱，水资源保障形势严峻，发展质量有待提高"等，并强调"治理黄河,重在保护,要在治理",强调要共同抓好大保护,协同推进大治理,让黄河成为造福人民的幸福河。习近平总书记的指示为今后黄河治理和生态保护指明了方向。①②

自党的十八大召开以来,黄河治理和生态保护进入生态文明建设新时代,黄河流域生态保护在多个方面取得积极成效。生态保护工程建设实施方面,建设黄河流域自然保护区、重要生态功能保护区,建设三江源等重大生态保护和修复工程、水源涵养提升工程。资源开发生态保护方面,进行水资源开发生态保护、矿产资源开发生态保护、旅游资源开发生态保护。污染治理方面,推进包括水污染综合治理、大气污染综合治理、土壤污染治理等工程建设,进行水土流失综合防治,开展生物多样性保护。生态补偿机制建设方面,国家财政实施生态补偿推进三江源生态系统保护,沿黄9省(自治区)重点生态功能区财政转移支付也逐年增加,上下游省份横向生态补偿进行了先行探索,6省(自治区)建立实施省内流域生态补偿机制,黄河流域生态环境治理效果得到不断提升。③

二、生态保护面临的问题与挑战

黄河流域生态保护当前面临的问题主要是流域生态环境依然脆弱,经济发展与资源环境承载力矛盾突出,水资源利用效率低,同时也缺乏流域省(自治区)之间生态环境协同治理、综合管控机制。

一是流域生态环境脆弱,生态环境潜在风险高。黄河上中下游具有不同的地理特征和生态环境,黄河上游整体看生态环境较好、水源较充足,但局部地区出现了生态系统退化状况,水源涵养功能下降,甘肃、宁夏等地气候多干旱少雨,存在地域荒漠化问题;黄河中游地区具有丰富的煤炭、能源资源,水土侵蚀、

---

① 马献珍.黄河生态文化传播推动能源行业可持续发展[J].新闻爱好者,2020(4):69-71.
② 杜学霞.黄河生态文化70年传播的基本经验[J].新闻爱好者,2019(11):31-33.
③ 董战峰,郝春旭,璩爱玉,等.黄河流域生态补偿机制建设的思路与重点[J].生态经济,2020,36(2):196-201.

流失严重,工业污染、城镇生活污染和农业面源污染问题突出;黄河下游地区所处黄淮海平原农业发达,但黄河流量偏小,水资源相对匮乏,人多地少,人地关系紧张,河口一些地方出现湿地萎缩。整体来看,黄河中上游部分地区河段已丧失生态功能,流域资源环境承载力已经超出可承载水平,整体生态环境相对脆弱。黄河流域生态环境脆弱的同时,污水处理等基础设施建设缺乏,流域污染治理水平滞后于经济发展,流域内高污染、高能耗产业造成的环保事件时有发生,潜在环境风险高。

二是经济发展与资源环境承载力矛盾突出,污染防控压力大。黄河流域是我国煤炭、电力能源的主要生产基地与供应基地,是金属冶炼、石油化工产业聚集地区,长期以来区域经济表现为粗放式发展模式。以能源、原材料为主的传统工业企业所占比重较高,高技术产业发展缓慢,区域自主创新能力不足,高能耗、高排放、高污染问题加剧了经济发展与资源环境承载力间的矛盾。[1] 黄河流域清洁生产和污染治理能力偏低,水体稀释和降解污染物能力不足,黄河流域污染防控压力大,面临着水污染、大气污染和土壤污染防控治理压力,尤其是整个黄河流域水质面临考验:一是黄河流域煤炭开采、金属冶炼、化工等高污染、高能耗产业数量多,企业污水污染物排放难达标;二是农业生产过程中,化肥、农药使用量大造成流域土壤污染、流域水污染;三是城市人口数量增加,生活用水量不断增加,生活污水排放增多。[2]

三是水资源利用效率低,保障形势严峻。黄河水资源总量不到长江的7%,黄河全域人均水资源为530立方米,人均占有量仅为全国平均水平的27%,低于水资源困乏地区1 000立方米/人的水资源标准,但流域水资源开发利用率高达80%,远超一般流域40%生态警戒线。[3] 黄河流域一方面水资源短缺、水循环

---

[1]　耿凤娟,苗长虹,胡志强.黄河流域工业结构转型及其对空间集聚方式的响应[J].经济地理,2020,40(6):30-36.

[2]　30年来,排入黄河的废污水总量呈逐年递增趋势:从20世纪80年代初的21.7亿吨,增加到90年代初的42亿吨,2016年为43.37亿吨,2017年为44.94亿吨,废污水大量排放是黄河水污染的主要原因。资料来源:陈怡平,傅伯杰.关于黄河流域生态文明建设的思考[N].中国科学报,2019-12-20(6).

[3]　陈怡平,傅伯杰.关于黄河流域生态文明建设的思考[N].中国科学报,2019-12-20(6).

失衡;另一方面工农业用水利用方式粗放,水利用效率不高,流域水污染严重,供水量已经超过黄河水资源的承载能力。黄河流域水资源保障形势严峻,抑制不合理用水需求,推动用水方式由粗放低效向节约集约转变,如何量水而行、以水定地、以水定产、节水优先、还水于河,是黄河流域生态保护面临的重大问题。

四是流域生态环境协同治理、综合管控机制缺乏。黄河流域生态环境治理需要多方协同、综合管控。黄河流域总面积79.5万平方千米,涉及9个省(自治区)71个地级行政区和1个省直辖县级市,当前各省(自治区)行政区域间,并没有实现统一的经济发展规划、生态环境治理规划,黄河流域各地方政府、企业、社会公众等治理主体难以形成合理的分工合作,无法实施完善的协同治理。在法律法规层面,针对黄河流域生态保护与治理的规定也相对较少、难成体系。黄河流域区域生态环境协同治理机制、跨界治污机制缺失,各省份间缺乏协作沟通,生态保护治理效率不足,综合管理体制和运行机制不够完善,①对黄河流域生态环境保护和经济高质量可持续发展形成制约。

三、生态保护:使命与愿景

实施黄河战略,要求坚持生态优先、绿色发展理念,功能区分类治理、分类施策,科学统筹、协同推进黄河流域生态治理保护,完善生态补偿,维护黄河生态安全,筑牢国家生态屏障。

一是生态优先,实施生态安全战略,筑牢国家生态屏障。黄河流域是我国重要的生态安全屏障,全国主体功能区规划明确了我国构筑的包括"青藏高原生态屏障""黄土高原-川滇生态屏障"和"东北森林带""北方防沙带""南方丘陵山地带"在内的"两屏三带"为主体的生态安全战略格局,其中青藏高原生态屏障、黄土高原-川滇生态屏障以及北方防沙带,均处于黄河流域,与黄河流域实施生态安全战略密切相关。黄河作为我国北方地区的生态"廊道",已成为重

---

① 郭晗,任保平.黄河流域高质量发展的空间治理:机理诠释与现实策略[J].改革,2020(4):74-85.

要生态安全保护屏障和生态建设的重要载体和依托。

生态优先是习近平生态文明思想一以贯之的基本遵循,①黄河流域生态保护和高质量发展,应遵循绿水青山优先、生态优先、保护优先的基本要求。加强顶层战略设计,探索以生态优先、绿色发展为导向的黄河流域高质量发展新路径,加大生态系统保护力度,把黄河流域建成我国北方重要生态安全屏障,在祖国北疆筑牢生态屏障,筑起万里绿色长城,立足全国发展大局,保持加强黄河流域生态文明建设的战略使命。

二是科学统筹,协同推进黄河流域生态治理保护。黄河流域生态保护、环境治理,是一项系统性、整体性工程,需要科学统筹,各行政区划、参与主体多方协同,构建黄河流域生态保护和经济高质量可持续发展的长效机制。一是黄河流域各省(自治区)地方政府间的合作协同。黄河水土流失、流域污染、洪水灾害、水资源短缺等系列问题,都与整个黄河上中下游密切相关,需要流域 9 个省(自治区)地方政府间的通力协作,共同治理,转变以行政区划为主的传统治理机制,体现以流域管理为主的协同治理机制。二是政府部门、企业、社会组织与公众等多元主体共同参与协同治理。黄河流域生态保护治理,既是政府部门的职责,也更应发挥、提高企业、社会组织、公众的积极性和参与度,共同治理,构建全社会参与的多元治理模式。三是法律法规体系,尤其是地方性法规、地方政府规章、部门规章之间的协同,以及黄河流域各地发展规划之间的协同。黄河流域生态保护与治理是一个系统性工程,切忌出现政出多门、各自为政、追求自身利益的现象。

三是功能区分类治理、分类施策,刚性约束资源开发利用。按照黄河流域区位特征、自然生态和资源承载能力划分,黄河流域主要包括分布在三江源国家自然保护区的禁止开发区,分布在黄河流域中上游的青藏高原以及黄土高原大部分地区的限制开发区,黄河流域省级中心城市和市级中心城市的优化开发

---

① 郭晗.黄河流域高质量发展中的可持续发展与生态环境保护[J].人文杂志,2020(1):17-21.

区,以及渭河谷地、汉中地区、黄淮海平原和山东半岛的重点开发区,共四种功能区。① 黄河流域不同区位的资源开发利用进行刚性约束,基于主体功能区划分,实施分类治理、分类施策:在黄河上游水源涵养地区,治理目标是生态保护,加快环境治理、生态修复,建设生态廊道经济带,生产供给更多生态产品;黄河中游地区,做好水土保持,加强水土流失治理和污染治理,发展农产品、工业能源产品的可持续供给;黄河下游地区,加强水资源利用的分配协调管控,修复生态机制,保护黄河三角洲湿地生态,保护生物多样性,促进经济与环境的可持续发展。

四是完善生态补偿,发挥市场机制作用。充分体现生态系统的内在价值,建立完善黄河流域生态补偿制度,对自然资源和生态环境的保护行为进行有效激励,以经济手段调节利益相关者关系,调动生态保护积极性。建立实施生态恢复保护国家补偿退出路径和机制,黄河中上游地区继续实施退耕还林还草为主的生态恢复措施,调整农业种植结构,减少引黄灌区灌溉面积,黄河下游地区进一步整治河道岸滩,建设黄河沿岸生态景观风貌带。② 实施生态补偿制度,考虑生态保护、农村贫困问题,推进生态功能区建设、生态移民工程建设与城镇化建设,从根本上解决黄河中上游地区农村的绝对贫困、相对贫困问题,促进区域之间、城乡之间协调发展。

发挥市场机制作用,进行黄河流域生态建设和环境保护,建立政府引导、市场主导、社会参与的生态补偿和生态建设投融资机制,发挥政府引导基金作用,激励国内外各类绿色基金、产业基金、各类企业资金投向生态林建设、污水处理、农业扶贫、生态景观与生态旅游等生态建设和生态修复项目,通过生态环境保护项目投资,实现生态效益和经济效益的融合,促进黄河流域生态保护和经济高质量可持续发展。

---

① 郭晗.黄河流域高质量发展中的可持续发展与生态环境保护[J].人文杂志,2020(1):17-21.
② 徐勇,王传胜.黄河流域生态保护和高质量发展:框架、路径与对策[J].中国科学院院刊,2020(7):875-883.

第三节　经济发展：发挥比较优势，实现高质量可持续发展

一、黄河流域经济发展现状

黄河流域是我国国家粮食安全重要保障区、农业经济开发的重点地区，黄河上游青藏高原、内蒙古高原地区，是我国主要的畜牧业生产基地，上游宁蒙河套平原、中游汾渭盆地和下游黄淮海平原，则是我国主要的农业生产基地。黄河流域内河南省、山东省、内蒙古自治区等是我国粮食生产核心区域。我国在构建"七区二十三带"为主体的农业战略格局中，黄河流域包括四个农产品主产区，包括建设优质专用小麦、优质棉花、专用玉米、大豆和畜产品产业带的黄淮海平原农产品主产区，建设优质专用小麦和专用玉米产业带的汾渭平原农产品主产区，建设优质专用小麦产业带的河套灌区农产品主产区，以及建设优质专用小麦和优质棉花产业带的甘肃新疆农产品主产区。黄河流域耕地面积占全国总量的35%左右，粮食产量占全国总量的34.42%。[1] 作为粮食和经济作物主产区，黄河流域农业经济得到有效开发，流域农产品生产直接关系到国家粮食安全。

工业发展方面，黄河流域作为重要能源安全支撑区，能源、原材料行业居于战略地位。黄河流域具有丰富的矿产资源，是我国重要的能源安全支撑区，山西、鄂尔多斯盆地是我国重点建设的能源基地，能源和原材料行业是流域内各省（自治区）国民经济发展的重要产业，在全国能源和原材料供应方面具有重要作用。黄河中上游水利能源丰富，中上游地区风能、光伏能源丰富，风能和光伏

---

① 金凤君，马丽，许堞.黄河流域产业发展对生态环境的胁迫诊断与优化路径识别[J].资源科学，2020，42（1）：127-136.

发电装机量大。黄河流域煤炭、天然气储量分别占全国基础储量的 75% 和 61%,青海的钾盐储量占全国的 90% 以上。① 黄河中上游地区是我国"北煤南运"和"西电东送"的重要能源基地,能源利用主要以资源开采、初级加工为主,资源以煤、电等方式输送到全国其他地区,② 发挥着保障全国能源安全的功能。

黄河流域近年来在改善民生、脱贫攻坚方面成就突出。黄河流域是我国传统农业区,受到自然条件、地理环境、生态脆弱及历史因素等影响,中上游是我国贫困比较集中的区域,面临贫困人口多、贫困面广、贫困程度深、返贫率高的问题,是我国消除贫困、改善民生、脱贫攻坚的重要区域。通过建立长效脱贫机制,实施乡村振兴战略,黄河流域精准扶贫、精准脱贫工作不断推进,在我国2020 年全面建成小康社会的同时,黄河流域脱贫攻坚战也取得了瞩目成绩。

黄河流域城市群集聚水平不断提升,在流域经济发展方面发挥着主导作用。黄河流域分布着西安、洛阳、开封等具有数千年历史的多朝古都和历史文化名城,曾是我国历史上的政治、经济和文化中心。随着时代变迁和经济发展,黄河流域城市群得到建设和发展,当前以郑州、西安、济南等为主,逐渐形成中原城市群、关中平原城市群、山东半岛城市群等多个城市群。黄河流域城市群是流域经济高质量发展的战略核心区域,集聚了黄河流域 70% 以上的经济总量,也是流域人口高密度集聚区,集中了黄河流域 60% 以上的人口。③ 黄河流域城市群成为流域经济发展的重要引擎。

---

① 金凤君,马丽,许堞.黄河流域产业发展对生态环境的胁迫诊断与优化路径识别[J].资源科学,2020,42(1):127-136.
② 2017 年黄河中上游的山西、内蒙古、陕西三省(自治区)煤炭产量 23.49 亿吨,本地消费 10.16 亿吨,占比仅 43.25%,当年煤炭净调出 10.27 亿吨,占到当年全国煤炭总产量的 29.08%;在本地消费中,有近 40% 的煤炭被用于发电后再进行输出;当年电力净输出量 2 520.55 亿千瓦时,占到全国省际电力流量的 25.08%。资料来源:金凤君,马丽,许堞.黄河流域产业发展对生态环境的胁迫诊断与优化路径识别[J].资源科学,2020,42(1):127-136.
③ 方创琳.黄河流域城市群形成发育的空间组织格局与高质量发展[J].经济地理,2020,40(6):1-8.

二、经济发展面临的问题与挑战

当前黄河流域经济发展面临的问题与挑战,主要包括:农业生产不稳定,人地关系脆弱;工业产业同质化,产业转型压力大;资源刚性约束,粗放的经济发展方式不可持续;流域基础设施落后,区域经济联系松散。

一是人地关系脆弱,农业生产不稳定,影响粮食安全和农民增收。从自然条件来看,黄河流域南北纬度跨越大,东西海拔高低悬殊,地貌条件、气候条件复杂多样,流域内有青藏高原的高寒农牧业系统、甘青陕晋的黄土高原/盆地农业系统和山地丘陵农业系统、宁(内)蒙干旱(区)农业系统和牧业系统、豫鲁黄河下游平原农业系统等,[①]形成了粮食、农业经济作物、畜牧业等多样化的农业发展特点。但与此同时,多样性的自然条件和相对脆弱的生态环境,以及伴随工业化、城市化发展,农业生产过程中大规模土地开垦,机械、化肥、农药的应用,也造成了人地关系和农业发展的脆弱性,流域粮食种植受到农田面积萎缩[②]、地力下降、水资源短缺、土壤重金属污染严重等挑战,农业生产不稳定,影响农民增收,国家粮食安全受到威胁。

黄河流域上中游和下游滩区是我国贫困人口的相对集中区域,全国14个集中连片特困地区有5个涉及黄河流域,这些区域同时也是黄河流域生态功能区域,与贫困人口分布高度重叠。[③] 如何合理开发利用生态功能区资源,处理好人地关系,稳定农业生产,打赢脱贫攻坚战,防止脱贫人口再返贫,是黄河流域面临的重大挑战,任务艰巨。

二是工业产业同质化、低端化,产业结构不合理,转型压力大。黄河流域大部分省(自治区),尤其是中上游地区的工业产业以煤炭、有色冶金、石油化工、

---

① 杨永春,穆焱杰,张薇.黄河流域高质量发展的基本条件与核心策略[J].资源科学,2020(3):409-423.
② 据统计,2000—2017年沿黄河的省(自治区)的耕地面积总量减少了44.2万公顷,其中山西、内蒙古、山东、陕西、青海等省(自治区)耕地面积减少幅度较大;此外,近年来上游省(自治区)为提高农民收入鼓励种植果蔬等经济作物,粮食播种面积也有所降低。
③ 蒋文龄.黄河流域生态保护和高质量发展的战略意蕴[N].经济日报,2020-05-11(11).

电力等能源、基础原材料产业为主，工业结构以重化工业为主。产业发展过分依赖煤炭、冶金等资源型、重型化、高耗能产业，产业层次较低，上下游链条集中于初加工行业，以追求规模扩大的粗放式发展模式为主，缺乏技术密集型、深加工高端产业，[①]结构不合理，竞争力较弱，[②]面临着水资源短缺和污染治理约束的问题增长动力缺乏，产业转型升级压力大。

从黄河流域产业关联来看，流域各省（自治区）之间甚至省内区域之间，产业开放度低，各区域分工协作差、分工不足，存在重复建设、低水平过度竞争现象，部分省（自治区）主导产业高度重合，同质化严重，关联性弱，尚未形成有效的流域分工体系。[③]各省（自治区）之间的经济关联、互补性较弱，流域内难以形成高效率资源配置，急需流域内各省（自治区）间加强协同，优化产业空间布局，加快产业关联、产业聚集，提高生产效率，提升流域内产业高质量发展。

三是资源刚性约束，经济发展方式粗放，开发强度失度。黄河流域经济发展，面临水资源短缺、矿产资源过度开发、经济发展方式粗放以及快速扩张的城镇化等系列问题，黄河流域经济可持续、高质量发展受到资源环境的刚性约束。

第一是水资源短缺问题。黄河中上游地区水资源较丰富，但面临水土流失、水沙失调问题，下游地区则水资源严重缺乏，总体而言，黄河整体水流量小，水量季节性变化大，黄河流域水资源供需矛盾突出，上下游争水矛盾严重，黄河流域经济发展受到水资源短缺的制约。

第二是矿产资源过度开发与过度依赖问题。黄河流域尤其中上游省（自治区），经济发展过多依赖能源与原材料产业，面临着依赖资源过度开发与资源存

① 2017年，黄河流域大部分省（自治区）以煤炭、石化、电力、钢铁、有色冶金、建材等为主的能源基础原材料产业在工业主营业务收入的占比均在40%以上，显著高于全国平均水平；中上游省（自治区）能源基础原材料产业的比重基本在60%以上，尤其是山西、青海、甘肃等省的比重甚至超过了70%。资料来源：金凤君，马丽，许堞.黄河流域产业发展对生态环境的胁迫诊断与优化路径识别[J].资源科学，1996（3）：236-239.

② 计算黄河流域制造业竞争力指标值，比较各省（自治区）在全国的排名，除山东、河南两省的制造业竞争力在全国排名靠前外，其余7省（自治区）的制造业竞争力较弱，排名靠后。资料来源：韩海燕，任保平.黄河流域高质量发展中制造业发展及竞争力评价研究[J].经济问题，2020（8）：1-9.

③ 郭晗，任保平.黄河流域高质量发展的空间治理：机理诠释与现实策略[J].改革，2020（4）：74-85.

量限制、产业转型的约束。

第三是粗放的经济发展方式带来的自然灾害、环境生态损害问题。黄河上游青海、甘肃、宁夏三省(自治区),农牧业发展基础好,但分散的粗放型农牧业发展方式,过度依赖自然生态系统,削弱了河源草地、牧区生态系统的自我修复能力;黄河中游黄土高原农业经济发展商业化程度低,分散性耕种,生产经营规模小,水资源利用效率低,加剧了水土流失和土地盐碱化、沙化;黄河下游华北平原地区生活用水、工业用水量大,农业灌溉方式粗放,土壤生产力下降,引发土壤次生盐碱化。①

第四是城镇化带来的系列问题。快速扩张的城镇化进程,一方面促进了农民生活水平提高和农村经济发展,但另一方面也使水资源、土地资源、能源资源的供求矛盾加大,对黄河流域生态环境产生了负面影响甚至造成直接破坏。

四是基础设施落后,中心城市辐射带动不强,经济联系松散。与我国东部地区和长江流域相比,黄河流域交通、公用工程、公共生活服务等设施建设滞后。黄河中上游部分地区处于内陆腹地,黄河干流水运不能全程通航,虽然铁路、公路、航空得到了快速建设,但整体看黄河流域对内、对外交通运输通道不畅的问题依然突出。高铁等跨省域交通主干线建设规划进展缓慢,城市群之间交通网络建设尚待进一步完善。②③ 黄河流域交通运输问题制约着区域间资源要素流动,区域外要素向区域内流动集聚,以及区域优势能源要素低成本向外输出。

黄河中上游众多工矿企业来源于计划经济时期建设的国有大中型企业或军工企业,与地方经济的联系少,带动地方经济发展能力弱,在国有资产存量高的矿产资源型城市,"市企之间"的行政壁垒问题依然严重。④

黄河流域已形成关中平原城市群、中原城市群等若干城市群,但与珠三角

---

① 何爱平,安梦天.黄河流域高质量发展中的重大环境灾害及减灾路径[J].经济问题,2020(7):1-8.
② 郭晗,任保平.黄河流域高质量发展的空间治理:机理诠释与现实策略[J].改革,2020(4):74-85.
③ 杨永春,穆焱杰,张薇.黄河流域高质量发展的基本条件与核心策略[J].资源科学,2020(3):409-423.
④ 同③。

城市群、长三角城市群等发达城市群相比,黄河流域城市群增长动力不足,带动周边经济发展方面能力不足。黄河流域社会经济空间组织呈松散的"多中心结构",呈现非流域化组织特征,①各城市经济产业组织联系相对松散,城市群没有完全发挥经济辐射功能。同时,城市群作为黄河流域经济发展的战略核心区域,也是环境污染综合治理、生态环境保护的重点区域,②面临发展方式转变约束。

三、经济发展:使命与愿景

实施黄河战略,积极应对经济发展面临的挑战,深入贯彻创新、协调、绿色、开放、共享的发展理念,发挥区域比较优势,发展现代农业,加快动能转换,加强流域空间综合治理,转变经济增长方式,实现黄河流域经济可持续、高质量发展。

一是贯彻新发展理念,发挥比较优势,转变经济增长方式,实现可持续发展。黄河流域要因地制宜,发挥比较优势,深入贯彻创新、协调、绿色、开放、共享的五大发展理念,转变高排放、高污染、高能耗的经济增长模式,向绿色经济、环境友好型经济转变,实现黄河流域经济可持续、高质量发展。

第一是贯彻创新发展理念。加强黄河流域经济发展的制度创新、科技创新、文化创新,通过创新发展,促进黄河流域经济发展从追求规模速度型的粗放增长,向高质量、高效率、集约型增长转变,发展动力从主要依靠能源资源工业、传统农业等拉动,转向依靠科技创新、绿色创新驱动,形成新兴产业集群,构建具有持续竞争力的产业体系。

第二是贯彻协调发展理念。推动黄河流域区域协调发展,建设要素有序自

---

① 杨永春,穆焱杰,张薇.黄河流域高质量发展的基本条件与核心策略[J].资源科学,2020(3):409-423.

② 黄河流域城市群排放了流域70%以上的污染,2016年黄河流域城市群工业废水排放总量30.85亿吨,占黄河流域9省(自治区)的78.47%,工业SO₂排放量241.62万吨,占黄河流域9省(自治区)的78.45%,工业烟尘排放量200.32万吨,占黄河流域9省(自治区)的54.53%。资料来源:方创琳.黄河流域城市群形成发育的空间组织格局与高质量发展[J].经济地理,2020,40(6):1-8.

由流动、主体功能约束有效、基本公共服务均等、资源环境可承载的黄河流域各省（自治区）、各区域协调发展新格局；推动黄河流域城乡之间协调发展，健全城乡发展一体化体制机制设计，健全农村基础设施投入长效机制，关注民生，为广大农村区域提供基本公共服务；弘扬黄河文化，弘扬黄河文明，推动黄河流域物质文明和精神文明协调发展。

第三是贯彻绿色发展理念。黄河流域整体上属于生态脆弱区，坚持贯彻绿色发展理念，正确处理经济发展和生态保护之间的关系，治理黄河流域污染，转变发展方式，调整产业结构，经济发展以生态环境保护为前提，宜水则水、宜山则山，推动绿色低碳发展，实现黄河流域生态优美与高质量经济增长"双赢"。

第四是贯彻开放发展理念。推进黄河流域"一带一路"建设，建设内陆自贸区、特殊经济区，加强同日韩、西亚等周边国家和地区的交流合作，加快黄河流域内陆省份的对外开放步伐，提升对外开放层次和空间，形成面向国内、国际的开放合作新格局，构建充满活力的开放型经济体系。

第五是贯彻共享发展理念。坚持以人为本、以民为本，坚持不懈保障改善民生，推进黄河流域扶贫开发工作，巩固和发展黄河流域各民族团结，推进区域之间、城乡之间基本公共服务均等化，实现各族人民的共同富裕。

二是发展现代农业和生态农业，保障粮食安全，创造生态产品，实现脱贫与共同富裕。习近平总书记指出："沿黄河各地区要从实际出发，宜水则水、宜山则山，宜粮则粮、宜农则农，宜工则工、宜商则商，积极探索富有地域特色的高质量发展新路子。"[①]黄河流域作为我国重要的粮食产区，推动黄河流域高质量发展，解决黄河流域人地关系脆弱、农业生产不稳定问题，需要根据流域区域生态环境、地理条件、自然禀赋等不同特点，发挥自身特色，发展现代农业、生态农业，保障粮食安全，提高农民收入，实现黄河流域贫困人口脱贫和共同富裕。

从黄河流域不同区域来看：第一是黄河上游三江源、祁连山等地区，主要承

---

① 习近平. 在黄河流域生态保护和高质量发展座谈会上的讲话[J].求是,2019(20):4-11.

担涵养水源、保护生态功能,应发展林业草业种植,增加绿色植被覆盖率,适当发展自身特色的农牧业,减少过度采伐、放牧等对生态环境的破坏,促进生态环境修复,培育生态多样性,创造、提供更多生态产品。第二是河套灌区、汾渭平原、黄淮海平原,作为我国农产品主产区,要大力发展现代农业,提高农产品质量,提高农业用水效率,减少农业污染,提升农产品生产能力和加工能力,促进农业生产的可持续发展,保障优质农畜产品供应和粮食安全。第三是黄河下游河口三角洲地区,建立湿地生态保护基地,保护野生动物栖息地,维护湿地生态环境,适度开发湿地旅游,同时开发利用黄河三角洲地区丰富的渔业资源、盐卤资源,促进区域农林牧渔业协调、可持续发展。

三是加快动能转换,传统产业实施生态化改造,促进产业结构转型。解决黄河流域产业发展过分依赖资源型产业、产业同质化低端化问题,需要改变以重化工业为主的产业结构,加快动能转换,对传统产业实施生态化改造,促进产业结构转型升级。

第一,传统能源高能耗产业实施生态化改造,加大研发投入,通过技术创新推动原有产业的绿色升级,节约水资源投入,提高水利用效率,降碳减排,提升资源利用效率。

第二,以能源为基础的产业结构转型升级,利用区域资源优势,推动现有产业包括矿产品、煤化工、有色金属、石油化工等能源资源型产业延伸发展,延长产业链长度,促进现代产业集群形成,扩大开发风能、水能、太阳能等可再生能源,发展清洁能源产业、节能环保产业,尤其是黄河中上游区域科学开发利用水电资源,降低自然资源消耗和对生态环境的破坏,推动资源全面节约和循环利用,促进区域能源产业结构优化升级。

第三,流域新业态、新模式、新经济的培育,中心城市和城市群发展战略性新兴产业,如节能环保、信息技术、生物医药、高端装备制造、新能源、新材料等,以新动能替代传统旧动能,实现经济的高质量发展。

第四,发展现代服务业,深入挖掘黄河文化、黄河文明蕴含的时代价值,发展旅游休闲产业,包括生态旅游、黄河文明旅游、工业文化景观旅游等,同时深入发展生产性服务业,促进流域高端制造业发展,服务构建现代化产业体系。

四是加强流域空间综合治理,促进流域分工合作、协同发展。加强黄河流域各省(自治区)基础设施建设,推动中心城市、城市群建设,发挥城市群的经济增长极带动、辐射作用,建设流域分工体系,优化流域空间,加强流域经济联系、协同发展。

第一,从战略全局高度开展顶层设计,加强流域空间综合治理、生态环境综合管控与经济协同发展,明确黄河流域上中下游生态空间布局和功能定位,合理规划城市、产业布局,建设流域产业分工体系,打造产业链合理分工以及地理空间的合理分布,打破行政区划壁垒,强化流域上下游区域间合作,充分发挥黄河流域各地的资源禀赋特点与比较优势,提高经济关联,避免无序竞争与重复建设,实现基于比较优势基础上的经济转型和高质量可持续发展。

第二,提升流域内基础设施建设层次,包括流域各省(自治区)间铁路、公路、航空、管道、通信等设施网络,城市公用工程设施、公共生活服务设施,乡镇道路、农村公共服务设施等,促进区域间资源要素流动和产业更合理布局,提高经济关联和产业集聚水平。

第三,统一规划、重点支持黄河流域中心城市和城市群建设,提升兰州、西安、郑州、太原、济南等中心城市竞争力,带动兰西城市群、关中-天水经济区、中原城市群、晋中城镇群、山东半岛城市群发展,发挥经济辐射功能,强化各城市间的合理分工和有效合作,带动流域经济整体发展。

第四,提高新型城镇化质量,综合考虑环境承载能力。黄河流域农村人口适度向城区、城镇集中转移,促进土地适度规模经营、特色农业发展和生态环境保护,中上游部分地区实施生态移民、生态修复,促进区域中心城市、中小城市、城镇、新型农村社区互促共进、协调发展,建设城乡统筹、生态宜居的高质量城镇化。

3

协同与融合：
生态保护和高质量发展的相辅相成

第一节　黄河流域生态保护和高质量发展的关系

　　黄河流域构成我国重要的生态屏障,是连接青藏高原、黄土高原、华北平原的生态廊道,也是我国重要的经济地带,是我国重要的能源、化工、原材料和基础工业基地,在我国经济社会发展和生态安全方面具有十分重要的地位。[①] 黄河流域生态保护和高质量发展是重大国家战略,是推动我国经济实现高质量发展的新的重要驱动力。在实施黄河流域生态保护和高质量发展战略过程中,要注意生态保护和高质量发展的协同与融合,生态保护和高质量发展是辩证统一的关系。生态保护是让黄河造福人类的基础,高质量发展是人民追求美好生活的必然选择。在保护中发展,在发展中保护。

一、生态保护和高质量发展辩证统一

　　2013 年 9 月,习近平总书记在哈萨克斯坦纳扎尔巴耶夫大学发表演讲并回答学生们提出的问题,在谈到环境保护问题时指出:"我们既要绿水青山,也要金山银山。宁要绿水青山,不要金山银山,而且绿水青山就是金山银山。"[②]"两山理论"的重要论述,生动形象地揭示了生态保护与经济发展的辩证统一的关系。实践已经充分证明,"绿水青山就是金山银山"。生态保护与经济发展不是矛盾对立的关系,而是辩证统一的关系,二者是不可分割的统一体,所以不能把二者割裂开来,更不能对立起来。发展经济不是对资源和生态环境的竭泽而渔,而生态保护也不是舍弃经济发展而缘木求鱼,两者应该相辅相成、协同融合。

　　著名哲学家恩格斯曾经指出,"我们不要过分陶醉于我们人类对自然界的

[①] 习近平. 在黄河流域生态保护和高质量发展座谈会上的讲话[J]. 求是,2019(20):4-11.
[②] 中共中央宣传部. 习近平总书记系列重要讲话读本:2016 年版[M]. 北京:人民出版社,2016.

胜利。对于每一次这样的胜利,自然界都对我们进行报复。每一次胜利在第一步都确实取得了我们预期的结果,但是在第二步和第三步都有了完全不同的、出乎意料的影响,它常常把第一个结果重新消除",比如"美索不达米亚、希腊、小亚细亚以及其他各地的居民,为了得到耕地,毁灭了森林,但是他们做梦也想不到,这些地方今天竟因此而成为不毛之地。因为他们使这些地方失去了森林,也就失去了水分的集聚中心和贮藏库"。①

中华文明上下五千年,也饱含众多的生态哲理。著名的哲学家庄子在《庄子·齐物论》提出"天地与我并生,而万物与我为一",强调人与自然共生共处,密不可分;《庄子·秋水》写道"以道观之,物无贵贱;以物观之,自贵而相贱;以俗观之,贵贱不在己""万物一齐,孰短孰长?"明确提出了"万物平等、共生共存"的思想,明确人与自然是和谐共生的关系。

著名的哲学家老子在《道德经》中指出"人法地,地法天,天法道,道法自然"。这里的"道法自然",就是指宇宙万物都要遵循自然的法则,人也要顺应自然规律。著名的思想家孟子在《孟子·梁惠王上》中写道"不违农时,谷不可胜食也;数罟不入洿池,鱼鳖不可胜食也;斧斤以时入山林,材木不可胜用也",揭示了朴素而浅显的生活道理,说明了经济社会发展与自然生态保护的辩证关系。《吕氏春秋》写道"竭泽而渔,岂不获得? 而明年无鱼;焚薮而田,岂不获得? 而明年无兽",《逸周书》里说"禹之禁,春三月,山林不登斧斤",均体现了对自然要取之有时、取之有度的思想。可见,古代先贤哲人对自然规律和生态环境有着深刻的认识,主张人类自觉遵守自然规律,反对人类凌驾于自然之上。

几百年来,工业化进程创造了前所未有的巨大物质财富,但以无节制地消耗资源、破坏环境为代价换取经济发展的模式,导致资源枯竭、生态恶化问题越来越严重。这些问题在黄河流域也有明显体现:黄河上游地区水源涵养能力下降;中游地区植被遭受破坏,致使水土保持能力不足,工业生产导致水源污染;

---

① 恩格斯. 自然辩证法[M]. 北京:人民出版社,1962.

下游地区湿地萎缩，生产生活无序用水，黄河几度出现断流等。事实证明，当人类无序开发、粗暴掠夺自然资源时，也必然会受到大自然无情的惩罚。

2013年5月，在中央政治局第六次集体学习时，习近平总书记指出"要正确处理好经济发展同生态环境保护的关系，牢固树立保护生态环境就是保护生产力、改善生态环境就是发展生产力的理念，更加自觉地推动绿色发展、循环发展、低碳发展，决不以牺牲环境为代价去换取一时的经济增长"。[①] 这一重要论述，深刻阐述了生态环境与生产力之间的关系，饱含尊重自然、人与自然和谐发展的理念。只有尊重自然生态的发展规律，保护和利用好生态环境，才能更好地发展生产力，才能实现生态保护和高质量发展的协同融合，最终实现人与自然的和谐共生。

二、在发展中保护、在保护中发展

"在发展中保护、在保护中发展"是对生态保护与经济发展关系的深刻阐述，明确了生态保护与经济发展遵循对立统一规律，贯穿了辩证唯物主义思想，是实现黄河流域生态保护和高质量发展必须坚持的战略思想。

一方面，在发展中保护。若只进行生态保护而忽视经济发展，则会影响经济发展的步伐。所以，生态保护不是完全忽略经济发展，而是在经济发展的基础上进行生态保护。缺乏发展的保护、以牺牲经济发展为代价的保护不是真正意义的保护。在生态保护的同时保障经济发展，才是真正有意义的保护。同时，生态保护需要经济发展提供资金和技术支持，如果没有科技创新，经济增长缺乏强劲支撑，生态保护也只是镜花水月。

另一方面，在保护中发展。若只注重经济发展而不进行生态保护，则会导致生态环境恶化和经济的不可持续发展。所以，发展不能完全忽略生态保护，而是在充分保护生态的前提下进行发展。地球是人类的家园，生态环境是人类

① 习近平. 习近平总书记系列重要讲话读本[M]. 北京：人民出版社，2014.

赖以生存的前提和基础。同时,经济发展也必须以良好的生态环境为依托,环境是重要的发展资源,良好的生态环境是推动经济发展的内因和动力,和谐的生态环境可以进一步优化经济发展。因此,高质量发展一定是保护环境、降低资源消耗、在资源环境承载能力范围内的发展。在发展中加强保护,才是真正意义上的高质量发展、绿色发展。生态保护和经济发展的实践反复证明,脱离经济发展抓生态保护是"缘木求鱼",而离开生态保护抓经济发展则是"竭泽而渔"。

"在发展中保护、在保护中发展",对于黄河流域生态保护和高质量发展而言,就是要践行习近平总书记"两山理论"的绿色发展理念。首先,"既要绿水青山,也要金山银山",坚持经济效益、社会效益与生态效益的高度统一,坚持经济发展、生活富裕与生态良好的生态文明发展道路。其次,"宁要绿水青山,不要金山银山""要像保护眼睛一样保护生态环境,像对待生命一样对待生态环境,坚决摒弃以牺牲生态环境换取一时一地经济增长的做法",坚持尊重自然、敬畏自然、保护自然,坚持生态优先绿色发展。最后,"绿水青山就是金山银山",牢固树立保护生态就是保护生产力、改善生态环境就是发展生产力的理念,因地制宜进行改革创新,充分利用自然优势发展特色产业,把绿水青山蕴含的生态产品价值转化为金山银山。在保护中发展、在发展中保护,实现经济发展与人口、资源、环境的协调融合,促进人与自然和谐共生、融合发展,建设"天更蓝、山更绿、水更清、环境更优美"的美丽中国。

第二节　黄河流域生态保护和高质量发展面临的关键问题

一、流域生态环境脆弱,人与自然矛盾突出

黄河是中华民族的母亲河,干流河道全长 5 464 千米,流域总面积为 79.5

万平方千米,流经青海、四川、甘肃、宁夏、内蒙古、山西、陕西、河南、山东 9 个省
(自治区)。[①] 总长度在世界范围内排名第五,在我国排名第二。黄河流域面积
广,作为我国重要的生态屏障,黄河横跨我国东、中、西三级阶梯,是"一带一路"
陆路的关键地区。黄河流域生物多样性较高且位于高海拔地区,受气候、海拔、
地貌地形等影响,生态环境十分脆弱。随着黄河流域社会经济发展、人类活动
的影响,流域生态环境受到较大干扰,人与自然矛盾突出。

(一)黄河上游：草地退化、土地沙漠化

黄河上游为内蒙古托克托县河口镇以上的黄河河段,干流河段全长为 3 472
千米,流域面积为 42.8 万平方千米,占全流域面积的 53.8%。[②] 在黄河上游地
区,自然生态的脆弱程度较高,聚集了很多民族,是一个经济发达程度较低的群
体,无法实现草地资源的合理利用,导致生态环境十分恶劣,对中下游地区的可
持续发展构成了一定程度的限制。

首先,草地退化。草地是生态系统不可或缺的部分,草地的水源涵养功能
对黄河的水量和水质具有重要的作用。植被是土地的保护伞,草地退化意味着
植被和土地退化,将导致土壤侵蚀、水土流失等一系列生态问题,致使生态系统
功能的衰退和恢复能力减弱。出于上游牧民过度放牧、掠夺式使用和公路建设
等原因,黄河上游地区天然草地生态功能退化严重,退化率在 60%~90%,不仅
阻碍了畜牧业的发展,而且威胁了生态安全。

其次,土地沙漠化。调查研究显示,黄河源区沙漠化土地面积大约 3 000 平
方千米,[③]主要分布在源区西部、北部和东部。当草原表面植被遭受破坏,大量
风沙被吹起后逐渐聚集成沙丘运动,聚少成多从而形成沙漠。黄河源区沙漠化
问题,主要是由于自然环境因素和不合理的人类活动。其中,自然环境因素中
主导因素就是气温升高。在人为因素中,其一,人们乱砍滥伐、伐木造田、过度

---

① 《黄河年鉴 2019》。
② 同①。
③ 王兆印,傅旭东.黄河源的湿地演变及沙漠化[J].中国水利,2017(17):22-24.

放牧等,使树木数量锐减难以阻挡风沙,沙漠化严重。其二,人们对地下的水资源过度使用,不合理的灌溉,过度抽取地下水等,导致水资源的浪费现象严重,加剧了土壤的荒漠化。针对这些问题,国家采取了明确的治理措施,包括"三北"防护林建设项目、退耕还林还草政策、风沙源治理项目、天然林保护项目以及其他生态系统恢复和保护措施。尽管取得了阶段性成功,但这些政策在生态或经济发展的某些方面缺乏完整性和联系性,没有将生态保护与经济发展有机地结合在一起。

(二)黄河中游:水土流失

黄河中游为内蒙古托克托县河口镇至河南郑州桃花峪的黄河河段,干流河段全长为 1 206 千米,流域面积为 34.4 万平方千米,占全部流域面积的 43.3%。[①] 黄河中游主要生态问题是水土流失。河段内绝大多数支流位于黄土高原地区,暴雨集中,水土流失非常严重,是黄河洪水和泥沙的主要来源地区。以黄土高原为代表的水土流失主要表现在水力侵蚀,滑坡、泥石流等自然灾害的频繁发生,使从源头流下的清澈河流夹带了大量泥沙,变成了含沙量大的"泥沙河"。

除了由于黄土质地特殊、降雨集中、地质灾害多发之外,主要原因是未及时有效采取全面规划,造成了黄河流域生态环境的严重破坏,水土流失面积不断扩大。由于黄河流域人口众多,对粮食、燃料等需求很大,为了生存只能对土地进行无休止的开垦,打破了原本的生态平衡。山丘和高地的居民进行陡坡开荒,陡坡由于坡度过大不适合进行农作,一味开荒会加剧水土流失,造成陡坡越垦越贫、越贫越垦。同时,中游地区一些大型水利建筑物如大坝、溢洪道的建设严重破坏了原始地貌,使原有的水土保持设施无法正常运作,造成水土流失。土壤的风力侵蚀也逐渐呈发展态势,沿河的泥沙会造成植被破坏、吞没农田,吹走了肥沃的土层,荒漠化造成土地肥力急剧下降,一些土地完全丧失了生产能力。

---

① 《黄河年鉴 2019》。

位于黄河中游的黄土高原是世界上水土流失最严重的地区，水土流失面积已经高达 45.17 万平方千米，占黄河流域水土流失总面积（46.5 万平方千米）的97.1%，黄土高原向黄河贡献了 97% 的泥沙。[①] 黄土高原土质疏松、暴雨集中、坡陡沟深、植被稀疏；同时，乱砍滥伐，粗放型农业，大规模开发煤、油、气等矿物资源和建设道路，导致植被、地貌等被破坏，这些都是黄土高原植被稀疏、水土流失的重要原因。黄土高原水土流失严重，生态环境脆弱，制约了经济社会的可持续发展。随着"一带一路"倡议的全面推进，推进黄土高原生态恢复已成为我国生态文明建设的重要内容。

（三）黄河下游：泥沙沉积、天然湿地萎缩

黄河下游为桃花峪以下至入海口的黄河河段，河段长为 786 千米，流域面积仅为 2.3 万平方千米，在全流域面积中的占比为 2.9%。[②] 黄河下游的主要生态问题是泥沙沉积，天然湿地萎缩，形成地上悬河。"九曲黄河万里沙"，黄河是世界上输沙量最大、含沙量最高的河流。黄河中游地区流经我国的黄土高原，携带了大量的泥沙。黄河每年的输沙量超过 16 亿吨，位居世界首位，其中有 12 亿吨泥沙流入大海，还有 4 亿吨泥沙沉积在黄河下游。黄河所携带的巨量泥沙不仅形成了宽阔肥沃的华北平原，同时也使黄河下游河段泥沙沉积，泥沙在下游大量淤积导致下游河道变宽、流速变缓、河床抬高，出现"人在河底走，抬头见帆船"的地上悬河。黄河下游的地上悬河长达 800 千米，地上悬河如利剑高悬，使黄河下游近百万居民的生活面临洪水的威胁。

黄河三角洲是泥沙沉积的重要场所，也是下游滩区近 200 万居民生产生活的家园。黄河三角洲地区作为我国的重要湿地，为东北亚内陆和西太平洋的候鸟提供了良好的休息、繁殖地和冬季栖息地，三角洲内野生动物种类繁多。近年来，随着黄河入海水量的下降，泥沙增多、海岸线逐渐后退，黄河三角洲自然湿地萎缩严重，近 30 年约减少 52.8%，生物种类也随之减少。

---

① 《黄河年鉴 2019》。
② 同①。

（四）水资源短缺严重

黄河是资源型缺水河流，黄河径流量仅占全国河流的 2%，未及长江的 7%，但承担着向全国约 13% 的耕地、30% 的人口和 60 多座大中城市供水的任务。黄河人均水资源量 473 立方米，仅为全国平均水平的 23%；流域耕地亩均水量 220 立方米，仅为全国平均水平的 15%。① 水资源过度开发，黄河水资源开发利用率超过 80%，远超过水资源的承载能力，一般流域的生态警戒线仅为 40%。用水效率比较低，部分灌区农业灌溉水利用效率不高。农业用水量过大，2018 年黄河流域农业用水 264.4 亿立方米，占总用水量的 67.5%，存在较大的节水空间。② 据统计，1972—1998 年，黄河有 22 年出现断流，断流共计 1 082 天。当前经过统一调度，黄河已经连续 19 年未断流。诗人李白笔下的"黄河落天走东海，万里写入胸怀间"，描写了黄河从天而落、咆哮奔流东海的景象，曾是何等的气壮山河，而如今能够保持黄河不断流已是幸事。

（五）水环境污染严重

黄河水资源仅占全国河流的 2%，却承载了全国约 6% 的废污水和 7% 的 COD（化学需氧量）排放量，黄河主要的纳污河段以 35% 的纳污能力承纳了全流域近 90% 的入河污染负荷，黄河流域每年平均废污水入河量高于 40 亿吨。③ 黄河流域的工业、城镇生活和农业面源三方面污染，加之尾矿库污染，使 2018 年黄河 137 个水质断面中，劣 V 类水占比达 12.4%，明显高于全国 6.7% 的平均水平。④ 黄河流经区域广，沿岸大型工业企业众多，一些造纸、有色金属、能源和重工业等污染型企业，环保处理不够，黄河水环境污染的主要原因是大量污水未经净化处理就向黄河排放。除了工业污染之外，黄河沿岸群众生活垃圾乱排放也使黄河的污染加重。黄河流域属我国农副产品主要产区，粮食和肉类产量占

---

① 《黄河年鉴 2019》。
② 同①。
③ 王金南. 黄河流域生态保护和高质量发展战略思考[J]. 环境保护，2020，48（1）：17-21.
④ 习近平.在黄河流域生态保护和高质量发展座谈会上的讲话[J].求是，2019（20）：4-11.

全国 1/3，流域的农民过度农耕和农药污染突出。尤其是黄河上游地区，黄河宁蒙河段氮磷污染最为突出，同时大量灌溉引水和农业排水也会使黄河水域的纳污能力下降，加重农业污染。三门峡水库是黄河上游兴建的第一个大型水利枢纽，三门峡水库的修建也促成了三门峡这个城市的繁荣，是黄河给这座城市提供了新的生机，但是三门峡市却向黄河排放大量的生活垃圾和污水，造成黄河污染加重。

二、区域发展不平衡不充分，发展质量有待提高

黄河流域资源能源丰富、人口众多，在我国经济社会发展和生态安全方面占有十分重要的地位。黄河流域 2019 年总人口 4.22 亿，占全国 30%；地区生产总值 24.7 万亿元，占全国 24.9%。2019 年 9 月，习近平总书记在黄河流域生态保护和高质量发展座谈会上指出，黄河流域是我国重要的经济地带，要加快推动黄河流域高质量发展，夯实黄河流域高质量发展的基础。出于历史、自然条件等原因，黄河流域经济社会发展相对滞后，特别是上中游地区，是我国贫困人口相对集中的区域。黄河流域内以传统产业为主，能源丰富但利用率低，产业转型升级步伐滞后，内生动力不足。区域发展不平衡不充分，发展质量有待提高。主要体现在以下几个方面：

（一）经济发展整体相对滞后，经济增速逐渐放缓

第一，从经济总量占比方面来看，黄河流域在全国的经济地位呈下降趋势，区域外部差距不断拉大。纵向来看，2009—2019 年，黄河流域 9 省（自治区）生产总值占全国生产总值比重由 27.0% 下降到 24.97%，呈现明显的下降趋势。横向来看，2019 年，黄河流域 9 省（自治区）GDP 总量在全国的占比为 24.97%，而长江流域 11 省（自治区）GDP 总量在全国的占比为 38.92%，存在明显的差距。[1]

---

[1] 中国统计年鉴（2020）和各省（自治区）统计年鉴（2020）。

第二,从黄河流域各省份的人均 GDP 方面来看,2010—2019 年,黄河流域 9 省(自治区)的人均 GDP 落后于全国水平,且差距在逐年增大(图 3.1)。2019 年全国人均 GDP 是 70 892 元,而黄河流域人均 GDP 为 55 470 元,低于全国人均 GDP 接近 22%;黄河流域各省份人均 GDP 均落后于全国平均水平,仅山东一个省份的人均 GDP 接近全国人均 GDP 水平,为 70 653 元。2019 年,全国 GDP 总值收入低于 1 万亿元的省(自治区)有 5 个,其中黄河流域的省(自治区)就有 3 个,分别为甘肃、宁夏和青海,在全国排名分别是 26 名、28 名、29 名(表 3.1)。

图 3.1　2010—2019 年全国人均 GDP 与黄河流域比较

数据来源:中国统计年鉴(2011—2020)

表 3.1　2019 年黄河流域各省(自治区)GDP 和产业结构

省份	第一产业占比(%)	第二产业占比(%)	第三产业占比(%)	GDP 总量(亿元)	人均 GDP(元)
青海	10.2	39.1	50.7	2 965.95	48 981
甘肃	12.0	32.8	55.1	8 718.3	32 994
四川	10.3	37.3	52.4	46 615.82	55 774

续表

省份	第一产业占比（%）	第二产业占比（%）	第三产业占比（%）	GDP 总量（亿元）	人均 GDP（元）
宁夏	7.5	42.3	50.3	3 748.48	54 217
内蒙古	10.8	39.6	49.6	17 212.5	67 851
陕西	7.7	46.5	45.8	25 793.17	66 644
山西	4.8	43.8	51.4	17 026.68	45 724
河南	8.5	43.5	48	54 259.2	56 388
山东	7.2	39.8	53.0	71 067.5	70 653
黄河流域	8.8	40.5	50.7	247 407.6	55 470
全国	7.1	39.0	53.9	990 865	70 892

数据来源：WIND 数据库

第三，从城市 GDP 总量排名方面来看，近年来，排名前十位的没有黄河流域城市；排名前二十位也仅有 3 个黄河流域城市入围，分别是青岛、郑州和济南，而且都是黄河下游河南和山东的城市。2019 年青岛 GDP 总值为 11 740 亿元，排名 15；郑州 GDP 总值为 11 380 亿元，排名 16；济南 GDP 总值为 9 443 亿元，排名 20。[①]

第四，经济增速逐渐放缓。2015 年黄河流域地区生产总值占全国比重为 28%，2019 年占比下降为 24.97%。2019 年，在全国 GDP 增速排名前 10 位的省份中，黄河流域仅有 2 个省份入围，而长江流域有 7 个省份入围。作为黄河流域经济总量最大、经济总量全国排名第三的省份，2019 年山东省的经济增速仅为 5.5%，低于全国平均水平 0.6 个百分点。

第五，贫困人口相对集中。黄河流域上游居住的少数民族占黄河流域总人

---

① 中国统计年鉴（2020）和各省（自治区）统计年鉴（2020）。

口的 10% 左右。黄河中上游出于自然和历史等原因,区域经济欠发达,贫困人口较为集中,贫困程度较深,返贫率较高。全国 14 个集中连片特困地区,黄河流域就涉及 5 个,青海、四川和甘肃藏区及甘肃的临夏州和四川的凉山州被列入"三州三区"深度贫困地区。截至 2019 年 5 月,青海、四川、甘肃、宁夏、内蒙古和陕西 6 省(自治区)共有贫困县 150 个,占全国贫困县总数(485 个)的 30.9%;若再加上山西的 16 个贫困县及河南的 14 个贫困县,这一占比提高到 37.1%。① 因此,黄河流域是我国精准扶贫和精准脱贫的重点区域,是打赢脱贫攻坚战的主战场之一。

(二)流域内部经济发展不平衡

黄河流域地理跨度大,涉及 9 个省(自治区),遍布黄河的上、中、下游,经济社会发展呈阶梯状分布。由于自然条件、经济基础和区域发展政策的不同,黄河流域各省份经济发展不平衡。黄河流域上中游发展相对滞后,而下游山东、河南省份经济发展较快,具体表现为上游塌陷、中游崛起、下游发达。

第一,黄河上、中、下游生产总值存在较大差距。2019 年,上游的生产总值占全流域生产总值的 32.04%,下游的生产总值占全流域生产总值的 50.65%,中游仅占 17.31%。2019 年,处黄河上游的甘肃、宁夏、青海的 GDP 总值均低于 1 万亿元,在全国排名分别是 26 名、28 名、29 名;而处黄河下游山东的 GDP 总值达 7 万亿元,在全国排名第三,河南的 GDP 总值达 5 万亿元,在全国排名第五。黄河下游山东省的 GDP 总值,是黄河上游青海省的 24 倍(图 3.2)。②

第二,黄河流域各省(自治区)的人均 GDP 水平差异大。山东和内蒙古为第一梯队,人均 GDP 水平达到 6 万元;陕西、河南、四川、宁夏、青海和山西位于第二梯队,人均 GDP 水平超过 4 万元;甘肃省位于第三梯队,人均 GDP 仅为 3 万元。2009 年,黄河流域各省(自治区)中人均 GDP 最高的省(自治区)内蒙古(40 282 元)与最低的省(自治区)甘肃(12 872 元),二者差距为 27 410 元。

① 张可云.推动黄河流域生态保护和高质量发展的战略思考[J].区域经济评论,2020(1):11-13.
② 中国统计年鉴(2020)和各省(自治区)统计年鉴(2020)。

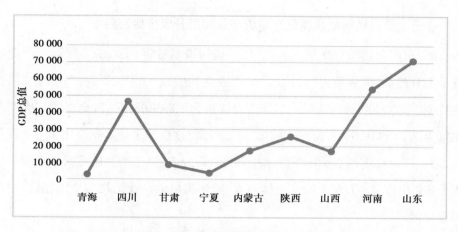

图 3.2 2019 年黄河流域各省（自治区）GDP 总值（单位：亿元）

数据来源：各省（自治区）统计年鉴（2020）

2019 年，黄河流域各省（自治区）中人均 GDP 最高的省（自治区）山东（70 653 元）与最低的省（自治区）甘肃（32 995 元），二者差距为 37 658 元（图 3.3）。黄河源头的青海玉树州与入海口的山东东营市人均 GDP 相差超过 10 倍，人均 GDP 形成了断层。

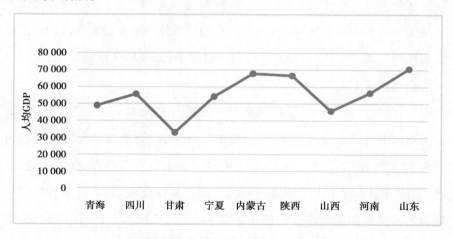

图 3.3 2019 年黄河流域各省（自治区）人均 GDP（单位：元）

数据来源：各省（自治区）统计年鉴（2020）

（三）产业结构层次偏低，传统产业转型升级步伐滞后

第一，产业结构层次偏低。近年来，黄河流域各省（自治区）的第三产业比重呈上升趋势，大多数省（自治区）的产业结构实现了由"二三一"向"三二一"的转变。2019年，黄河流域的三次产业比重为8.8∶40.5∶50.7，全国的三次产业比重为7.1∶39.0∶53.9；黄河流域第一产业比重比全国平均水平高出1.7个百分点，第二产业比重高于全国平均水平0.5个百分点，第三产业比重低于全国平均水平3.2个百分点（表3.1）。总体而言，黄河流域的产业结构与全国相比，层次仍然偏低。

黄河流域草原分布广，第一产业占比高于全国平均水平，草原牧业特色鲜明。但如果没有长远健全的发展规划，第一产业的盲目发展会导致生态环境的破坏，造成农业面源污染，进而影响农产品质量安全，最终影响消费者的身体健康及国家粮食安全。黄河流域的能源和矿产资源非常丰富，被誉为中国的"能源流域"。上游地区的水能资源、中游地区的煤炭资源、下游地区的石油和天然气资源在全国占有重要的位置。因此，资源开采及加工业比较突出，第二产业占比高于全国平均水平0.5个百分点。资源的采掘和加工给黄河流域的水资源和生态环境造成巨大压力，在开采资源的过程中，如果环保设施不完善、过度开采可能会导致水土流失加剧。

第二，传统产业转型升级步伐滞后。资源开采及加工业的占比较高，2017年黄河流域资源开采及加工业的占比约为36.34%，而全国和长江流域的占比分别为27.17%和22.72%。在流域内部，除了山东省和河南省之外，其他省（自治区）资源开采和加工占比都高于60%。而在长江流域，除去云南和贵州以外的省份资源开采和加工占比均低于30%。[①] 黄河流域各省（自治区）经济增长的核心支撑仍然是传统动能，在黄河流域经济增长中的占比和贡献率相对较高的产业依然是传统产业和高污染高耗能产业。

---

① 杨丹，常歌，赵建吉. 黄河流域经济高质量发展面临难题与推进路径[J]. 中州学刊，2020（7）：28-33.

黄河上游的青海、甘肃、宁夏等省（自治区）经济发展比较滞后，产业转型升级的内生动力匮乏。黄河中下游省（自治区）也普遍存在产业结构偏重、环境承载力有限等问题。比如，流域内经济总量排名第一的山东省，主营业务收入排前列的轻工、化工、机械、纺织、冶金多为资源型产业，能源原材料产业占40％以上，而广东、江苏两省第一大行业均为计算机通信制造业；全国互联网百强企业山东省只有2家，排名都在60名以后。① 山西省则严重依赖煤炭产业，产业结构单一并且产能过剩。总体而言，黄河流域传统产业转型升级步伐滞后，产业转型升级的内生动力不足，产业发展亟须转型升级。

（四）流域内各省（自治区）利益协同存在矛盾冲突

出于自然环境、资源禀赋和民族构成等原因，黄河流域上中下游各省（自治区）经济发展状况不平衡，经济较发达省（自治区）与欠发达省（自治区）的利益取向亦存在差异。区域内缺乏产业分工与合作，产业同质化比较严重，缺乏黄河流域协同联动发展的整体布局。黄河流域内各省（自治区）本位主义严重，为了把控区域紧缺的资源，只考虑本省（自治区）自身的经济利益进行经济开发，而不顾及黄河经济带整体长远的经济发展利益。黄河流域区域的本位主义，使资源禀赋自生创新受到遏制，使产业优势无法互补，阻碍了黄河流域经济的迅速发展。

例如，为促进甘肃和青海的协同发展，2018年3月国务院正式批复了《兰州—西宁城市群发展规划》。但是，甘肃和青海两省对兰西城市群的建设方案，仍然未达成共识。比如如何发挥兰州和西宁两个省会城市的经济聚集和扩散功能；如何通过都市圈的建设，实现产业的分工与合作，共建黄河上游经济带走廊；如何通过快速交通、轨道交通与城际交通基础设施的联合建设，促进城市之间、城乡之间的共同繁荣与发展等。兰西城市群相比其他城市群发展速度较慢，其发展阶段仍处于初始发育阶段。在特色产业的错位发展、全域旅游、区域

---

① 刘家义.在山东省全面展开新旧动能转换重大工程动员大会上的讲话[J].领导决策信息，2019（5）：7.

开放格局和生态环境的共同保护等方面,并没有形成公认的合作备忘录,从而使国家层面的城市群规划难以落到实处,以至于黄河经济带建设成为空中楼阁。

第三节　黄河流域生态保护和高质量发展的时代机遇

一、生态文明建设战略

（一）生态文明建设的发展历程

文明是人类文化发展的成果,是人类改造世界物质和精神成果的总和,是人类社会进步的标志。我国历史典籍中就涉及"文明"的内容,比如,《尚书·舜典》里提到"睿哲文明,温恭允塞",《周易》里讲到"见龙在田,天下文明",唐代孔颖达注疏《尚书·舜典》时称"经天纬地曰文,照临四方曰明"。"经天纬地"意为改造自然,属于物质文明;"照临四方"意为驱逐愚昧,属于精神文明。文明是人类发展进步的永恒主题,也是中华民族和中国共产党人持之以恒的追求。文明包括社会主义物质文明、精神文明、政治文明和生态文明等,中华民族向来尊重自然、热爱自然,绵延 5 000 多年的中华文明孕育着丰富的生态文化。

从党的十二大到十五大,我们党一直强调,建设社会主义物质文明和精神文明。党的十六大在以往基础上提出了社会主义政治文明。面对资源约束趋紧、环境污染严重和生态系统退化的严峻形势,2007 年 10 月,党的十七大报告在物质文明、政治文明和精神文明之外首次提出了"生态文明"。生态文明,是指人类遵循人、自然、社会和谐发展这一客观规律而取得的物质与精神成果的总和;是指以人与自然、人与人、人与社会和谐共生、良性循环、全面发展、持续繁荣为基本宗旨的文化伦理形态。生态兴则文明兴,生态衰则文明衰。党的十七大报告指出："建设生态文明，基本形成节约能源资源和保护生态环境的产业结构、增长方式、消费模式。循环经济形成较大规模，可再生能源比重显著上升。主要污染物排放得到有效控制，生态环境质量明显改善。生态文明观念在全社会牢固树立。"党的十七大报告在全面建设小康社会奋斗目标的新要求中，第一次明确提出了建设生态文明的目标，这是我们党科学发展、和谐发展理念的一次重大升华。

2012 年 11 月，党的十八大报告做出"大力推进生态文明建设"的战略决策，提出"建设生态文明，是关系人民福祉、关乎民族未来的长远大计"，并将生态文明建设与经济建设、政治建设、文化建设、社会建设相依靠，形成建设中国特色社会主义五位一体的总布局。党的十八大报告全面深刻地论述了生态文明建设的各方面内容，包括优化国土空间开发格局，全面促进资源节约，加大自然生态系统和环境保护力度，加强生态文明制度建设等，提出努力走向社会主义生态文明新时代，首次把"美丽中国"作为生态文明建设的宏伟目标。

2015 年 5 月，我国发布了《中共中央　国务院关于加快推进生态文明建设的意见》，指出"生态文明建设是中国特色社会主义事业的重要内容，关系人民福祉，关乎民族未来，事关'两个一百年'奋斗目标和中华民族伟大复兴中国梦的实现"。意见提出，"到 2020 年，资源节约型和环境友好型社会建设取得重大进展，主体功能区布局基本形成，经济发展质量和效益显著提高，生态文明主流价值观在全社会得到推行，生态文明建设水平与全面建成小康社会目标相适应"。

2015 年 10 月，十八届五中全会发布了"十三五"规划的 10 个任务目标，"加强生态文明建设（美丽中国）"首度被写入国家五年规划的任务目标。2017 年 10 月，党的十九大报告指出"建设生态文明是中华民族永续发展的千年大计。必须树立和践行绿水青山就是金山银山的理念，坚持节约资源和保护环境的基本国策，像对待生命一样对待生态环境"。党的十九大报告绘就了生态文明建设的宏伟蓝图，2020 年前坚决打好污染防治攻坚战；2035 年，生态环境根本好转,美丽中国目标基本实现;2050年,把我国建成富强民主文明和谐美丽的社会主义现代化强国。2018年3月,第十三届全国人民代表大会第一次会议通过的宪法修正案,将"生态文明"正式写入宪法,实现了党的主张、国家意志和人民意愿的高度统一。

(二)生态文明建设的意义与机遇

生态文明建设是中华民族永续发展的千年大计,是功在当代、利在千秋的伟大事业,事关"两个一百年"奋斗目标和中华民族伟大复兴中国梦的实现。党的十八大以来,习近平总书记立足于全流域和生态系统的整体性,着眼于国家发展大局和民族复兴伟大梦想,基于流域的生态文明建设,开展了一系列根本性、开创性、长远性工作,做出了一系列重要论述,彰显出习近平生态文明思想的原创性贡献,推动着黄河流域生态环境保护从认识到实践不断向前推进。生态文明建设的提出与实施,为黄河流域生态保护和高质量发展提供了重大的发展机遇,生态文明理念为黄河流域实现人水和谐奠定了强大的思想基础,黄河流域的治理保护和高质量发展必须始终把生态文明建设理念贯穿始终。

坚持生态优先,加强水的治理,呵护好生命之源,实现黄河流域人水和谐共处。黄河流域的生态环境脆弱,水资源保障形势严峻,人与自然矛盾突出。针对黄河面临的生态问题,遵循人与自然和谐相处的原则,我国全面开展黄河治理保护工作,提出"实施全河水量统一调度",确保河道不断流;"实施黄土高原多沙粗沙区集中治理"和"调水调沙",确保河床不抬高和堤防不决口;"维持黄河健康生命",实现人与河流和谐相处等黄河生态保护治理的理念。党的十八大以来,遵循习近平生态文明思想和新时代治水思路,进一步完善确立了"维护黄河健康生命,促进流域人水和谐"的治理黄河理念,着力把握治水主要矛盾变化,维护黄河健康生命,促进流域人水和谐,不断满足流域人民对水安全、水资源、水生态、水环境的需求。

以生态文明建设为切入点,加强黄河流域生态保护,因地制宜,分类施策。

黄河生态系统是一个有机整体，黄河上中下游的生态环境各不相同，保护重点也要各有侧重，要充分考虑流域内各地区的差异性，因地制宜，分类施策。上游地域为水源发源地，承载着水源涵养功能，要继续大力支持三江源、祁连山等重点生态保护工程，深入实施自然林保护、防风固沙、湿地修复等，形成人与自然和谐相处的生态文明新布局。中游地区的水土流失和环境污染问题严重，一方面要退耕还林、种草固沙以保持水土；另一方面要减排主要污染物，淘汰高污染企业，督促农业合理使用农药化肥。下游地区是人类活动的高活跃区域，生态系统的功能破坏严重，除了要防治污染，还要进行滩涂治理、黄河三角区湿地保护等一系列的生态工程，确保生态环境的修复与重建，切实治理地上悬河问题，确保黄河沿岸人民的财产安全，保障黄河防洪安全和经济的可持续发展。

　　遵循绿色发展理念，抓住生态文明建设战略实施的契机，以信息化推动黄河流域产业升级，推动黄河流域绿色可持续的高质量发展。促进黄河流域各省（自治区）夕阳产业的转型，大力发展新型产业，培育高成长性产业，推动产业升级，建立结构合理、绿色环保的可持续发展产业体系。黄河流域各省（自治区）应形成规模效应的优势企业，促进行业整合，为产能过剩寻找出路。利用生态文明战略中资源环境指标为约束，倒逼高污染高消耗企业进行产业转型，对高消耗和产能严重过剩的企业进行整顿，必要时采取关停措施。在生态文明建设理念的指引下，在党中央和沿黄军民的努力下，我国黄河治理取得了巨大的成就，水土流失综合防治成效显著，生态环境明显改善，黄河流域经济社会发展和百姓生活发生了很大的变化。生态保护、经济发展、社会进步和文化繁荣是构建黄河绿色发展的内核，也是黄河流域生态保护和高质量发展的目标。以生态文明建设为契机，坚定绿色发展的定力，提高"绿水青山"转化为"金山银山"的实践能力，坚持生态优先、绿色可持续高质量发展之路，绘就黄河流域人水和谐的美丽新图景，让黄河成为造福人民幸福的幸福河。

二、山水林田湖草生态保护修复工程

（一）山水林田湖草生态保护修复工程的发展历程

山水林田湖草生态保护修复工程是我国生态文明建设的重要内容,关系到人与自然和谐共生、国家生态安全以及美丽中国建设进程。2013 年 11 月,习近平总书记在党的十八届三中全会上首次提出"山水林田湖是一个生命共同体"的科学论断。2015 年 10 月,党的十八届五中全会指出,"实施山水林田湖生态保护修复工程,筑牢生态安全屏障"。中共中央、国务院印发的《生态文明体制改革总体方案》要求整合财政资金推进山水林田湖生态修复工程。2016 年 9 月,财政部、国土资源部、环境保护部联合印发《关于推进山水林田湖生态保护修复工作的通知》,提出"加快山水林田湖生态保护修复,实现格局优化、系统稳定、功能提升,关系生态文明建设和美丽中国建设进程,关系国家生态安全和中华民族永续发展"。

2017 年 7 月,中央全面深化改革领导小组第 37 次会议指出"坚持山水林田湖草是一个生命共同体",进一步扩展了生命共同体的理念,把草原生态系统纳入生命共同体中,体现了深刻的大生态观。2017 年 10 月,党的十九大报告指出,"统筹山水林田湖草系统治理,实行最严格的生态环境保护制度,形成绿色发展方式和生活方式,坚定走生产发展、生活富裕、生态良好的文明发展道路,建设美丽中国"。2018 年 5 月,习近平总书记在全国生态环境保护大会上强调,"山水林田湖草是生命共同体,要统筹兼顾、整体施策、多措并举,全方位、全地域、全过程开展生态文明建设"。

2020 年 8 月,中共中央政治局会议审议了《黄河流域生态保护和高质量发展规划纲要》。会议要求,统筹推进山水林田湖草沙综合治理、系统治理、源头治理,改善黄河流域生态环境。2020 年 9 月,自然资源部办公厅、财政部办公厅、生态环境部办公厅联合印发《山水林田湖草生态保护修复工程指南(试行）》，全面指导和规范各地山水林田湖草生态保护修复工程实施，推动山水林田湖草一体化保护和修复。2020年12月，国务院新闻办公室举行新闻发布会，介绍"落实五中全会精神做好生态保护修复工作"有关情况，"十三五"期间在全国开展了25个山水林田湖草生态保护修复工程试点。山水工程试点涉及全国24个省份，惠及65个国家级贫困县，包括黄河流域的陕西黄土高原、泰山区域等，中央财政已累计下达奖补资金500亿元，收到了明显的成效。

（二）山水林田湖草生态保护修复工程的意义与机遇

习近平总书记指出："大自然是一个相互依存、相互影响的系统。比如，山水林田湖是一个生命共同体，人的命脉在田，田的命脉在水，水的命脉在山，山的命脉在土，土的命脉在树。如果种树的只管种树、治水的只管治水、护田的单纯护田，很容易顾此失彼，最终造成生态的系统性破坏。必须按照生态系统的整体性、系统性及其内在规律，统筹考虑自然生态各要素、山上山下、地上地下、陆地海洋以及流域上下游等，进行整体保护、系统修复、综合治理。"[①]这一科学论断是对我国天人合一、天地人和的中华传统生态哲学的传承与发展，体现了经济社会和自然环境可持续发展的生态文明理念，强调了生态系统的整体性、系统性和综合性，是从大格局上对人地关系的认识。山水林田湖草生命共同体以生态系统理论为支撑，基于流域生态学、恢复生态学、景观生态学、复合生态系统生态学的原则和技术，实现生态保护、生态功能提升及生态服务优化等功能。

山水林田湖草生态保护修复工程改变以往只针对单一对象治理的局限，将山、水、林、田、湖、草等联系起来，融入一个系统进行治理，通过还原和修复原有的生态系统，提高生态系统的忍耐性，保护生态系统内的物种多样性，完善生态体系的功能，维持流域内生态系统的稳定性，实现永续发展。开展山水林田湖草生态保护修复工程是贯彻落实生态文明理念的重要举措，也是改善生态环境

---

① 中共中央宣传部. 习近平总书记系列重要讲话读本：2016年版［M］.北京：人民出版社，2016.

质量的必然选择。山水林田湖草生态保护修复工程为黄河流域生态保护提供了具体的实施方向和落实举措,是黄河流域生态保护和高质量发展的动力源泉和时代机遇。加强山水林田湖草系统的综合治理,促进黄河流域生态系统的可持续循环,努力打造黄河流域生态保护的核心引擎。

加强山水林田湖草系统治理,涵养黄河流域高质量发展的动力源泉。黄河连接青藏高原、黄土高原和华北高原,流经黄土高原、沙漠沙地,两岸有祁连山、东平湖、黄河三角洲等高山、湖泊和湿地。黄河流域的山水林田湖草资源丰富,黄河生态系统是一个有机整体,上中下游存在生态功能差异。上游着重提升水源涵养能力,中游突出抓好水土保持和污染治理,下游做好生态保护,促进生态体系健康。山水林田湖草是一个生命共同体,山是水的产流地,林与草是水的涵养地,湖与田是水的主动脉,要加强山水林田湖草系统治理和综合治理,涵养黄河流域高质量发展的循环生态系统动力源泉。[①] 山水林田湖草综合治理,要加强水的治理,呵护好生命之源。要协同山水林田湖草等资源,搭建以保护生物多样性、过滤污染物、防止水土流失、防风固沙和防洪抗洪等多种功能为一体的绿色生态廊道。

统筹山水林田湖草系统治理,加强黄河流域生态环境协同治理,维持和恢复黄河流域生态系统的健康。按照生态系统的整体性、系统性及其内在规律,统筹考虑自然生态各要素、山上山下、地上地下、陆地海洋以及流域上下游等,进行整体保护、系统修复、综合治理,增强生态系统循环能力,维护生态平衡。加强协同联动,强化山水林田湖草等各种生态要素的协同治理,推动上中下游地区的互动协作,增强各项举措的关联性和耦合性,注重整体推进,强化流域综合治理工作,把治水与治山、治林、治田、治湖有机结合起来。[②] 山水林田湖草是一个生命共同体,打破行政区划界限,加强各省(自治区)间的交流与沟通,创新

① 张锟,邹小玲.加强黄河两岸山水林田湖草系统治理打造河南高质量发展核心引擎[N].焦作日报,2019-12-25(11).

② 张修玉,施晨逸,裴金铃,等.积极践行"山水林田湖草统筹治理"整体系统观[N].中国环境报,2020-12-08(3).

合作方式和管理机制，加强流域内执法监督能力，推动流域内信息共享，强化区域内生态环境监督一体化，运用大局观念、整体思想、系统模式，协同推进大治理。以山水湖田草系统作为黄河流域的管理单元，积极探索建立市场化、合理化和多元化的生态补偿机制。适度开发和布局山水林田湖草的空间，优化沿黄流域生态资源和产业布局的适配。推进山水林田湖草生态治理，打造世界级黄河流域治理示范区，为黄河流域的高质量发展引进新的增长动力。通过对自然生态进行系统的保护、治理和修复，实现黄河流域的"山青、水秀、林茂、田整、湖净、草丰"，让美丽中国呈现多元之美、系统之美，让"暮春三月，江南草长，杂花生树，群莺乱飞"的美丽景色处处绽放。

三、"一带一路"倡议

（一）"一带一路"倡议的发展历程

"一带一路"是"丝绸之路经济带"和"21世纪海上丝绸之路"的简称。自西汉张骞出使西域，开辟古代丝绸之路，古丝绸之路绵亘万里，延续千年。"一带一路"倡议旨在传承古代丝绸之路的"丝路精神"，积极发展与沿线国家的经济合作伙伴关系，符合中华民族尊崇的天下大同理念和中国人怀柔远人、和谐万邦的天下观。2013年9月和10月，习近平总书记分别提出建设"新丝绸之路经济带"和"21世纪海上丝绸之路"的合作倡议。2013年11月，十八届三中全会提出"推进丝绸之路经济带、海上丝绸之路建设，形成全方位对外开放新格局"。2014年12月，中共中央、国务院印发了《"一带一路"建设战略规划》。2015年3月，国家发展和改革委员会、外交部、商务部联合发布《推动共建"一带一路"的愿景与行动》。2017年5月，第一届"一带一路"国际合作高峰论坛在北京召开。2017年6月，国家发展和改革委员会和国家海洋局联合发布《"一带一路"建设海上合作设想》。

2017年10月，党的十九大报告指出，"积极促进'一带一路'国际合作，努力实现政策沟通、设施联通、贸易畅通、资金融通、民心相通,打造国际合作新平台,增添共同发展新动力"。2017 年 12 月,推进"一带一路"建设工作领导小组办公室印发了《标准联通共建"一带一路"行动计划(2018—2020 年)》。2019年 4 月,我国举办第二届"一带一路"国际合作高峰论坛。同时,推动创立"丝路基金"、金砖国家新开发银行和应急储备基金、亚洲基础设施投资银行、中国—中东欧金融控股公司和银行联合体等相关金融支撑机构。在我国的积极推动下,"一带一路"穿越非洲、环连亚欧、延伸拉美—加勒比,"朋友圈"变得越来越广阔,越来越多的国家热烈响应和积极参与。

(二)"一带一路"倡议的意义与机遇

"一带一路"倡议的核心内容包括政策沟通、设施联通、贸易畅通、资金融通和民心相通的"五通"。"一带一路"倡议有利于促进沿线各国经济繁荣与区域经济合作,加强不同文明的交流互鉴,促进世界和平发展,是一项造福世界各国人民的伟大事业。古代陆上"丝绸之路"源于陕西西安,从黄河流域、恒河两岸,延伸到尼罗河、地中海,是一条以丝绸贸易为主要媒介的经济文化交流之路。黄河流域覆盖 9 个省(自治区),横跨东、中、西三大地带,是我国陆上"丝绸之路"的重要经济带,也是我国进行对外经济和文化交流的重要通道。黄河流域生态保护和高质量发展的进程,直接关系到"一带一路"倡议实现的效果。"一带一路"倡议的提出及实施,为黄河流域开辟了广阔市场,提供了内联外通动力,为推动沿黄各省(自治区)经济社会发展提供了新的机遇。

"一带一路"倡议为黄河流域各省(自治区)的跨区域经济合作提供了重大契机。要全面深化黄河流域的区域合作,打破行政分割与市场壁垒,促进各要素跨区域自由流动。"一带一路"倡议下的合作需要有不同的资源禀赋,沿黄各省(自治区)的资源禀赋各异,经济发展的互补性很强,具有很大的分工潜力与合作空间。① 黄河流域各省(自治区)由于地理位置和自然禀赋的差异,参与

---

① 李曦辉,张杰,邓童谣.黄河流域融入"一带一路"倡议研究[J].区域经济评论,2020(6):38-45.

"一带一路"建设的水平也不尽相同。2019 年,青海省、宁夏回族自治区与"一带一路"沿线国家的进出口额分别为 14.4 亿元和 73.39 亿元。而山东省 2019年与"一带一路"沿线国家的贸易额达到 6 030.9 亿元,超过黄河流域其他 8 省(自治区)的总和(图 3.4)。① 可见,黄河流域各省(自治区)参与"一带一路"建设仍存在明显的差距,一些省(自治区)的后发力量还很强劲,仍然存在较大的发展空间。黄河流域要牢牢抓住"一带一路"建设的机遇,进一步融入"一带一路"建设,沿黄各省(自治区)要实现对接"一带一路"建设中的不同定位与角色,提高对外开放与经济发展的水平。

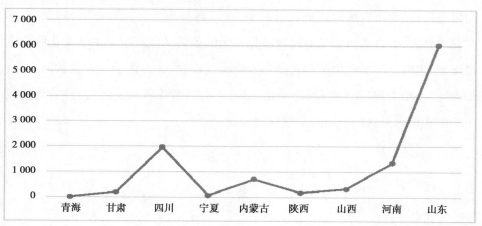

图 3.4　2019 年沿黄 9 省(自治区)与"一带一路"沿线国家进出口总额(单位:亿元)

资料来源:中国统计年鉴(2020)和各省(自治区)统计年鉴(2020)

　　"一带一路"倡议有利于助推黄河流域城市发展水平的不断提升。一方面,依靠"道路联通",发挥"新陆路时代"的交通优势。随着铁路的快速发展和高铁时代的来临,陆路交通焕发新的生机,沿黄城市可以借助"一带一路"倡议的东风,加快公路和铁路的基础陆路交通建设,形成更加便利快捷的城市网络交通格局,建立城市商贸发展的基础。另一方面,推动"贸易畅通"的发展,逐渐融入亚欧大陆经济体系。在西汉张骞出使西域时,沿黄城市就是陆上"丝绸之路"

---

① 中国统计年鉴(2020)和各省(自治区)统计年鉴(2020)。

的必经之地,联通中亚与欧洲。在"一带一路"倡议的时代背景下,沿黄城市应加强对外经贸往来,建立自贸区,打造内陆开放新高地,带动周边地域城市的发展,提高城市规模的集聚与辐射效应。[①]

"一带一路"倡议,给讲好"黄河故事"、弘扬黄河文化带来了前所未有的机遇。黄河是中华民族的母亲河,哺育了灿烂的中华文明。习近平总书记指出,"黄河文化是中华文明的重要组成部分,是中华民族的根和魂。要深入挖掘黄河文化蕴含的时代价值,讲好'黄河故事'"。[②] 把黄河流域的生态文明建设作为总基调,推动黄河文化和现代旅游业的融合发展,将黄河文化的传承和保护与生态建设、经济发展有机地结合起来,建设具有当地文化和地域特色的自然文化风景区,观赏黄河美景的同时感受古老的黄河文化。推动黄河文化的全方位保护,提取黄河文化中所包含的伟大的时代精神,大力传承和发扬黄河文化,加强与"一带一路"沿线国家的文化交流,奏响新时代黄河文化大合唱,为实现中华民族伟大复兴的中国梦凝聚精神力量。

① 赵斐.新时代黄河流域城市高质量发展面临的困境与机遇[J].黄河科技学院学报,2020(7):46-50.
② 习近平.在黄河流域生态保护和高质量发展座谈会上的讲话[J].求是,2019(20):4-11.

中编 『大保护，大治理』：全流域生态保护与治理

4

科学与和谐：
黄河流域水资源管理

习近平总书记在黄河流域生态保护和高质量发展座谈会上指出了黄河水资源保障的严峻形势，黄河水资源总量不到长江的7%，人均占有量仅为全国平均水平的27%。水资源利用较为粗放，农业用水效率不高，水资源开发利用率高达80%，远超一般流域40%生态警戒线。① 在这一严峻现实背景下，加强黄河流域水资源管理，统筹协调生态建设、经济发展和人民生活对水资源的使用，是黄河流域高质量发展的前提条件和必要保障。本章将首先在数据支持下从总量、质量和分布三个角度归纳黄河流域水资源的总体现状；其次，从开发、配置、保护三个维度对黄河流域水资源管理情况进行分析；再次，总结提出强化黄河流域水资源管理的战略要求，即黄河流域水资源管理如何践行新发展理念的要求，契合黄河流域生态保护和高质量发展的要求，以及如何满足乡村振兴战略的要求；最后，结合上述研究结论，探讨实现黄河流域水资源科学管理的方向与路径。

第一节 黄河流域水资源的总体现状

科学全面地认识黄河流域水资源的现状，是研究黄河流域水资源管理问题的前提。黄河流域（包括黄河内流区，下同）总面积79.5万平方千米，流经青海、四川、甘肃、宁夏、内蒙古、陕西、山西、河南、山东等9省（自治区）。全河划分为兰州以上、兰州至头道拐、头道拐至龙门、龙门至三门峡、三门峡至花园口、花园口以下、黄河内流区等流域分区。② 黄河流经9个省（自治区），上中下游的水资源条件差异较大，本节将对黄河流域水资源总体现状进行描述。

一、黄河流域水资源总量

水资源总量是衡量一个区域水资源丰富与否的核心指标，是指当地降水形

---

① 习近平.在黄河流域生态保护和高质量发展座谈会上的讲话[J].求是，2019（20）：4-11.
② 水利部黄河水利委员会《2019年黄河水资源公报》。

成的地表、地下水资源量之和扣除其间的重复计算量。① 地表水资源、地下水资源和流域平均年降水量是水资源总量重要的相关指标。

从水资源总量及其相关指标来看,黄河流域水资源相对匮乏是不争的事实。水利部发布的《2019 年中国水资源公报》显示,2019 年全国水资源总量 29 041亿立方米,其中地表水资源量 27 993.3 亿平方米,地下水资源量 8 191.5 亿平方米,平均年降水量 651.3 毫米,全国水资源总量占降水总量的 47.1%,平均单位面积产水量 30.7 万立方米/平方千米。在全国各水资源一级区②中,黄河区水资源总量 797.5 亿立方米,平均年降水量 496.9 毫米,地表水资源量 690.2 亿立方米,地下水资源量 415.9 亿立方米,分别排在第 7,8,7,7 位;同期长江区水资源总量 10 549.7 亿立方米,平均年降水量 1 059.8 毫米,地表水资源量 10 427.6亿立方米,地下水资源量 2 580.5 亿立方米。③

无论是与长江流域还是与全国平均相比,黄河流域各项指标均揭示了该流域水资源保障的严峻形势。从水资源总量来看,黄河流域占全国的比重仅为 2.8%,仅相当于长江流域的 7.6%;从地表水资源量来看,黄河流域占全国的比重仅 2.5%,仅相当于长江流域的 6.6%;从地下水资源量来看,黄河流域占到全国的 5.1%,相当于长江流域的 16.1%。在降水量方面,2019 年黄河流域平均年降水量相当于全国平均的 76.3%、长江流域的 46.9%。值得注意的是,2019 年黄河流域平均降水量为 496.9 毫米,折合降水总量 3 950.25 亿立方米,比 1956—2000 年均值大 11.1%,属于降水颇丰的一年。而 1999 年黄河流域平均降水量仅为 398.4 毫米,折合降水总量 3 165.98 亿立方米。同时,黄河流域人口众多,人均水资源占有量仅为全国平均水平的 27%。④

黄河流域水资源总量整体呈现出振荡增加的趋势,主要体现在地表水资源

---

① 水利部黄河水利委员会《1998 年黄河水资源公报》。
② 我国水资源分区中,一级区包括长江、黄河、淮河、海河、珠江、松花江、辽河、东南诸河、西南诸河、西北诸河等十大区域。
③ 水利部黄河水利委员会《2019 年黄河水资源公报》。
④ 习近平.在黄河流域生态保护和高质量发展座谈会上的讲话[J].求是,2019(20):4-11.

量增加,地下水资源量则保持相对稳定的态势。流域水资源总量从 1998 年的 549.48 亿立方米增加到 2019 年的 797.5 亿立方米,年均增长率 1.8%;地表水资源量从 1998 年的 447.97 亿立方米增加到 2019 年的 690.2 亿立方米,年均增长率 2.1%;地下水资源量从 1998 年的 352.61 亿立方米增加到 2019 年的 415.9 亿立方米,年均增长率 0.8%。[①]

二、黄河流域水资源质量

水资源质量从生态环保角度来解读,通常是指地表水的水质质量。黄河流域水资源质量不断改善,但是与长江流域相比仍存在一定差距。

近年来,在绿色发展理念指导下,各地环境保护力度不断加大,我国整体地表水水质普遍得到了改善。从全国层面来看,水质优良比例不断提高,劣Ⅴ类比例显著降低,国内水资源质量普遍呈现向好趋势。2012 年 12 月,全国 395 条河流的 698 个断面中,Ⅰ~Ⅲ类水质断面占 72%,Ⅳ、Ⅴ类占 17%,劣Ⅴ类占 11%;十大流域中,珠江流域、西北诸河和西南诸河总体水质为优,长江流域和松花江流域总体水质良好,淮河流域和辽河流域总体水质为轻度污染,黄河流域和海河流域总体水质为中度污染。[②] 到 2019 年第四季度,1 940 个国家地表水考核断面中,水质优良(Ⅰ~Ⅲ类)断面比例为 80.0%,劣Ⅴ类断面比例降低至 2.7%;长江、黄河、珠江、松花江、淮河、海河、辽河七大流域及西北诸河、西南诸河和浙闽片河流Ⅰ~Ⅲ类水质断面比例为 85.0%,劣Ⅴ类降低至 2.0%。其中,西北诸河、长江流域、浙闽片河流和西南诸河水质为优,珠江、黄河和松花江流域水质良好,淮河、辽河和海河流域为轻度污染。[③]

就黄河流域自身而言,逐步实现了由中度污染向水质良好的跃迁,但是距离珠江流域、长江流域仍有一定差距。2012 年 12 月监测数据显示,黄河流域水

---

① 水利部黄河水利委员会《1998 年黄河水资源公报》《黄河水资源公报》(2019)。
② 中国环境监测总站《全国地表水水质月报》(2012 年 12 月)。
③ 生态环境部通报《全国地表水、环境空气质量状况》(2019 年)。

质总体为中度污染,监测的 60 个断面的水质类别为:Ⅰ～Ⅲ类水质占 60%,Ⅳ、Ⅴ类占 20%,劣Ⅴ类占 20%;长江流域水质总体良好,监测的 159 个断面的水质类别为:Ⅰ～Ⅲ类水质占 89%,Ⅳ、Ⅴ类占 7%,劣Ⅴ类占 4%;珠江流域水质总体为优,监测的 54 个断面的水质类别为:Ⅰ～Ⅲ类水质占 91%,Ⅳ、Ⅴ类占 5%,劣Ⅴ类占 4%。[1] 在 2012 年年底,无论是从水质总体评价,还是从断面劣Ⅴ类水质占比来看,黄河流域的水资源质量均劣于珠江流域和长江流域。2019 年第四季度生态环境部通报显示,长江流域水质为优,珠江、黄河流域水质良好。[2] 到 2019 年年底,长江流域和黄河流域水质均有所改善,长江流域水资源质量仍优于黄河流域。

在水土流失方面,黄土高原是黄河流域水土流失最严重的区域,该区域土地总面积 57.46 万平方千米,2018 年区域水土流失面积 21.37 万平方千米,占到土地总面积的 37.19%,其中水力侵蚀面积 16.29 万平方千米,风力侵蚀面积 5.08 万平方千米。在流域 9 省(自治区)中,2018 年内蒙古自治区水土流失面积达到 59.27 万平方千米,占到全国的 21.7%,占到黄河流域的 47.7%;甘肃省、青海省、四川省水土流失面积分别达到 18.61 万平方千米、16.37 万平方千米、11.29 万平方千米。[3]

三、黄河流域水资源分布

水资源分布主要可以从地区分布和时期分布两个维度来阐释。黄河流域内水资源呈现出地区分布不均匀、径流量年际年内分布不均匀、水土资源分布不一致等多项特征。

黄河流域内水资源总量呈现出地区分布不均匀的特征。按 1956 年 7 月至 1980 年 6 月 24 年系列成果,兰州以上流域面积占全河流域面积的 29.6%,水资

---

① 中国环境监测总站《全国地表水水质月报》(2012 年 12 月)。
② 生态环境部通报《全国地表水、环境空气质量状况》(2019 年)。
③ 《中国水土保持公报(2018 年)》。

源总量却占全流域水资源总量的 47.3%；龙门至三门峡区间流域面积占全河流域面积的 25%，水资源总量占全流域水资源总量的 23%；兰州至河口镇区间流域面积占全河流域面积的 21.7%，水资源总量只占全流域水资源总量的 5%。[①]

黄河流域径流量呈现出年际年内分布不均匀的特征。自有实测资料以来，黄河出现了 1922—1932 年、1969—1974 年、1977—1980 年、1990—2002 年的连续枯水段，4 个连续枯水段的平均河川天然径流量分别相当于多年均值的 74%，84%，91% 和 83%。黄河流域径流量呈现出年内分布不均匀的特征。[②] 由于流域水资源主要由降水形成，而且每年 60%~80% 的降水集中在 7—10 月，且多以暴雨出现，致使黄河径流在年内分配很不均匀，约 60% 的径流量集中在 7—10 月的汛期，每年 3—6 月的径流量只占全年的 10%~20%，有些支流，汛期与非汛期径流量的分配更为悬殊。[③]

在区域水资源分布方面，不同区域分布呈现不平衡的特征。例如，黄河下游引黄灌区具有丰富的土地资源，但水土资源分布很不协调；大部分耕地集中在干旱少雨的宁蒙沿黄地区、中游汾河、渭河河谷盆地以及当地河川径流较少的下游平原引黄灌区。在黄河流域 9 省（自治区）的水资源量同样差距较大。2019 年，四川省水资源总量为 2 748.9 亿立方米，而宁夏回族自治区水资源总量仅为 12.6 亿立方米，山东省、河南省等人口大省的水资源总量仅为 195.2 亿立方米、168.6 亿立方米。[④]

综上所述，尽管黄河流域水资源质量呈现向好趋势，但是受到流域降水条件和地理地形等客观因素所限，水资源总量相对匮乏、水资源分布不均匀的情况仍将长期存在，黄河流域水资源保障的形势十分严峻。

---

① 水利部黄河水利委员会网站。
② 张俊峰，张学成，张新海.黄河流域水资源量调查评价[J].人民黄河,2011,33(11):39-40,44.
③ 水利部黄河水利委员会网站。
④ 《中国统计年鉴 2020》。

第二节　黄河流域水资源管理情况分析

　　国家高度重视水资源管理。2010 年 12 月 31 日,中共中央、国务院发布《关于加快水利改革发展的决定》,提出实行最严格的水资源管理制度。2012 年 1 月 12 日,国务院发布了《关于实行最严格水资源管理制度的意见》(国发〔2012〕3 号),对实行最严格水资源管理制度进行了全面部署和具体安排。黄河流域水资源保障的严峻形势对于强化流域内水资源管理提出了极高要求,在水资源刚性约束下,统筹协调好水资源开发、配置和保护,需要合理规划,协同推进。

一、黄河流域水资源开发利用情况

　　总体来看,黄河流域水资源存在过度开发利用的问题。黄河流域水资源开发利用率高达 80%,远超一般流域 40% 生态警戒线。[1] 过高的水资源开发利用率与长期以来黄河流域省(自治区)经济发展需求直接相关,又同时成为制约流域内高质量发展的瓶颈。

　　长期以来,对黄河流域进行水资源开发利用为流域内经济社会发展提供了有力的支持,涉及电力、灌溉、供水等多个方面。2002 年 7 月,国务院批复的《黄河近期重点治理开发规划》(国函〔2002〕61 号)提出,2002 年黄河干流已建、在建 15 座水利枢纽和水电站,总库容 566 亿立方米,发电装机容量 1 038 万千瓦,年平均发电量 401 亿千瓦时;灌溉面积由 1950 年的 1 200 万亩发展到 2002 年的 1.1 亿亩(其中流域外 0.37 亿亩),在约占全流域耕地面积 46% 的灌溉面积上生产了 70% 的粮食和大部分经济作物;解决了农村 2 727 万人的饮水困难;为流

域内外 50 多座大中城市和中原、胜利油田提供了水源保障。[①]

2013 年 3 月,国务院批复的《黄河流域综合规划(2012—2030 年)概要》(简称《概要》)对 2011 年的黄河治理开发利用情况进行了系统归纳:下游防洪工程体系基本建成;流域及相关地区经济社会发展得到促进,发展灌溉面积 1.1 亿亩;全流域已建、在建水电站总装机容量超过 21 400 兆瓦,占技术可开发量的 61%;作为我国西北、华北的重要水源,黄河以其占全国河川径流 2%的有限水资源,承担着占全国 12%的人口、13%的粮食产量、14%的 GDP 及 50 多座大中城市、420 个县(旗)城镇的供水任务,同时还要向流域外部分地区远距离供水。[②] 2019 年的数据显示,黄河流域及下游引黄灌区共有大型灌区 84 处、中型灌区 663 处,灌溉面积达到 1.26 亿亩。[③]

对比历年的黄河开发利用情况可以发现以下特征:一是黄河灌溉面积增长潜力已基本发掘,2002—2011 年灌溉面积没有显著增长,2019 年灌溉面积较 2011 年仅增长 14.5%,年均增速 2.6 个百分点。二是黄河流域水利发电量仍在增加,2011 年全流域已建和在建水电站总装机容量已占到技术可开发量的 60%以上,但是仍有一定发展空间。黄河流域大中型水电站主要建立在黄河主干道上中游,根据相关资料整理分析,流域共有水库 217 个(陆浑、故县、西霞院等)、水利枢纽 7 个(小浪底、三门峡、龙口、万家寨、三盛公、青铜峡、沙坡头)、水电站 19 个(乌金峡、大峡、小峡、八盘峡、盐锅峡、刘家峡、寺沟峡、积石峡、黄丰、苏只、公伯峡、康扬、直岗拉卡、李家峡、尼那、拉西瓦、龙羊峡、班多、青铜峡)。[④] 三是在为流域内外提供水源保障方面,黄河一直承担着重要的任务,水资源供需矛盾日益突出。在生活用水方面,黄河流域主要城市的用水基本上来源于黄河水系,除部分农村以井采水外,黄河流域约 80%的人口用水都取自黄河的地上

① 水利部《黄河近期重点治理开发规划》。
② 水利部《黄河流域综合规划(2012—2030 年)概要》。
③ 王浩. 精打细算,用好黄河水(大江大河・黄河治理这一年①)[N]. 人民日报,2020-09-17(15).
④ 王保庆,李希腾.话说黄河:黄河流域的三个维度[J].焦作大学学报,2020,34(3):58-61.

水资源。① 特别在取水量方面,黄河流域水资源利用率过高的情况已成为制约其开发利用的核心瓶颈。1998 年黄河总取水量为 497.12 亿立方米②;2019 年黄河供水区总取水量达到 555.97 亿立方米,而当年黄河区水资源总量为 797.5 亿立方米,总取水量已占到水资源总量的 70%。③

在水资源开发利用的区域结构方面,黄河流域 9 省(自治区)水资源利用表现出明显的区域差异性。2019 年,四川省、河南省、山东省用水总量分别为 252.4 亿立方米、237.8 亿立方米、225.3 亿立方米,而青海省、宁夏回族自治区用水总量仅为 26.2 亿立方米、69.9 亿立方米。从农业用水、工业用水和生态用水的比例来看,流域内农业用水量远超其他两项用途。④ 从具体省(自治区)的农业用水量来看,四川省、内蒙古自治区、山东省、河南省均超过了 100 亿立方米,分别为 154.5 亿立方米、139.6 亿立方米、121.8 亿立方米、138.2 亿立方米。⑤

二、黄河流域水资源配置总体情况

总体来看,黄河流域水资源配置的合理性仍有待提升。实施水资源管理需要遵循"节水优先、空间均衡、系统治理、两手发力"的原则,其中科学节水是加强水资源合理配置的前提,在流域内实现空间均衡是基础,最严格的水资源管理制度是保障。

从节水型社会建设方面来看,提升水资源利用效率是节水的关键。《概要》提出,到 2020 年基本建成水资源合理配置和高效利用体系,节水型社会建设初见成效,全面保障城乡居民饮水安全,基本保障城镇、重要工业的供水安全,灌溉水利用系数由现状的 0.49 提高到 0.56,流域节水工程灌溉面积占有效灌溉面

① 王保庆,李希腾.话说黄河:黄河流域的三个维度[J].焦作大学学报,2020,34(3):58-61.
② 水利部黄河水利委员会《1998 年黄河水资源公报》。
③ 水利部黄河水利委员会《黄河水资源公报》(2019 年)。
④ 赵莺燕,于法稳.黄河流域水资源可持续利用:核心、路径及对策[J].中国特色社会主义研究,2020(1):52-62.
⑤ 《中国统计年鉴 2020》。

积的 75% 以上,万元工业增加值取水量比 2011 年降低 50% 左右。① 2019 年,黄河流域万元国内生产总值用水量已降至 55.4 立方米,万元工业增加值用水量降至 21.6 立方米,约为全国平均值的 1/2。②

黄河流域农业用水占用水总量六成以上,提高农业节水能力和水平是加强黄河流域水资源管理的核心。黄河流域农业节水水平不断提高,通过大力推动农业节水增效,加快大中型灌区现代化改造,推广喷灌、微灌、水肥一体化等节水技术,优化调整作物种植结构与面积等一系列措施,2019 年黄河流域农田灌溉水有效利用系数达到了 0.562,提前完成了规划要求,耕地实际灌溉亩均用水量降至 319 立方米,节水水平总体优于全国平均水平。③

在流域内水资源配置方面,区域统筹配置仍需要进一步推进。黄河流域涉及 9 个省(自治区),各地区人口分布不均,经济发展水平差异较大,在国家区域发展布局中的定位不同,流域内的水资源统筹配置应作为黄河流域水资源管理的重点工作来推进。特别是龙门以下的黄河中下游地区,其流域面积仅占全流域的 32% 左右,却承载了 70% 左右的人口,需要在水资源区域间配置时予以充分考虑。

目前,黄河水资源的分配方案依然是按照 1987 年 9 月 11 日国务院办公厅转发的国家计委和水电部《关于黄河可供水量分配方案报告的通知》(国办发〔1987〕61 号)(简称"87 分水方案")执行,与当前黄河流域水资源的实际需求已存在偏差,需要适时进行调整。④ "87 分水方案"以黄河天然径流量 580 亿立方米(1919—1975 年径流系列)为基础,安排 370 亿立方米用于沿黄各省的农业灌溉、工业生产与城市生活,210 亿立方米用来冲刷下游河床泥沙。可供水量分配方案:青海 14.1 亿立方米、四川 0.4 亿立方米、甘肃 30.4 亿立方米、宁夏 40.0

---

① 水利部《黄河流域综合规划(2012—2030 年)概要》。

② 王浩. 精打细算,用好黄河水(大江大河·黄河治理这一年①)[N]. 人民日报,2020-09-17(15).

③ 同②。

④ 赵莺燕,于法稳.黄河流域水资源可持续利用:核心、路径及对策[J].中国特色社会主义研究,2020(1):52-62.

亿立方米、内蒙古 58.6 亿立方米、陕西 38.0 亿立方米、山西 43.1 亿立方米、河南 55.4 亿立方米、山东 70.0 亿立方米、河北和天津合计 20.0 亿立方米。但实际上,各省(直辖市)超用黄河分配水量已成常态,近 10 年甘肃超额 46%,宁夏超额 86%,内蒙古超额 71%,陕西超额 65%,山西、河南、山东分别超额 4%、26% 和 24%,合计超额用水达 148 亿立方米。[①]

《概要》针对黄河水资源供需矛盾尖锐的现状,提出 2020 年基本建成水资源合理配置和高效利用体系、基本建成水资源和水生态保护体系、健全流域管理与区域管理相结合的体制及运行机制等多项目标。到 2030 年,基本建成黄河下游防洪减淤体系和水沙调控体系,实现有效控制和科学管理洪水;适时推进南水北调西线工程建设,初步缓解水资源供需矛盾;进一步完善流域管理与区域管理相结合的体制机制,基本实现流域综合管理现代化。[②]

三、黄河流域水资源治理保护情况

国家高度重视黄河流域水资源保护。2002 年起实施的《中华人民共和国水法》为合理开发、利用、节约和保护水资源提供了法律依据。2011 年中央一号文件明确提出,实行最严格的水资源管理制度,建立用水总量控制、用水效率控制和水功能区限制纳污"三项制度",相应地划定用水总量、用水效率和水功能区限制纳污"三条红线"。2012 年 1 月,国务院发布了《关于实行最严格水资源管理制度的意见》,对实行最严格水资源管理制度工作进行了全面部署和具体安排,进一步明确水资源管理"三条红线"的主要目标,提出了具体管理措施。2015 年 10 月,《中共中央关于制定国民经济和社会发展第十三个五年规划的建议》明确提出,"实行最严格的水资源管理制度,以水定产、以水定城,建设节水型社会"。2019 年 9 月,习近平总书记在黄河流域生态保护和高质量发展座谈

---

① 中国国际咨询工程有限公司研究报告《关于黄河流域生态保护和高质量发展用水保障的思考与建议》,作者曲永会。
② 水利部《黄河流域综合规划(2012—2030 年)概要》。

会上指出,保护黄河是事关中华民族伟大复兴的千秋大计。[①] 2020 年 8 月,中央政治局召开会议审议《黄河流域生态保护和高质量发展规划纲要》,提出要把黄河流域生态保护和高质量发展作为事关中华民族伟大复兴的千秋大计,改善黄河流域生态环境,优化水资源配置。[②] 2020 年 10 月,《中共中央关于制定国民经济和社会发展第十四个五年规划和二〇三五年远景目标的建议》再次强调推动黄河流域生态保护和高质量发展。

加强黄河流域水资源保护是实现黄河流域水资源可持续开发利用的基础和前提。新中国成立以来,在防洪、排淤、水土保持等方面取得了多项举世瞩目的成就。在防洪和排淤工程建设方面,累计完成土方约 13.5 亿立方米、石方1 800 万立方米,初步形成了较完善的工程体系;在防洪方面,于黄河中游建设了三门峡、路泽、故县、小浪底四大水库或水利枢纽,三门峡水库容量可达 354 亿立方米,小浪底水库容量可达 126.5 亿立方米;在排淤方面,于黄河下游河段稳固堤防、整治河道,保障下游不出决口和排淤通畅;为减少水土流失危害,累计人工植树造林面积已达 1.20 亿亩、种草面积 0.35 亿亩。[③]

特别是进入 21 世纪以来,我国继续在加强黄河流域水资源保护方面做了大量工作,取得了显著成绩。研究显示,20 世纪 80 年代初黄河流域水质开始呈恶化趋势;到 2000 年左右水污染逐渐达到高峰;进入 21 世纪以后,随着国家水污染治理和水环境水生态保护力度的加大,流域水质状况整体得到改善。[④] 目前,黄河流域生态环境持续明显向好,水土流失综合防治成效显著,生态环境明显改善,上游水源涵养能力稳定提升;中游黄土高原蓄水保土能力显著增强,下游河口湿地面积逐年回升,生物多样性明显增加。

---

① 习近平.在黄河流域生态保护和高质量发展座谈会上的讲话[J].求是,2019(20):4-11.
② 中共中央政治局.中共中央政治局召开会议审议《黄河流域生态保护和高质量发展规划纲要》[J].中国水利,2020(17):6.
③ 王保庆,李希腾.话说黄河:黄河流域的三个维度[J].焦作大学学报,2020,34(3):58-61.
④ 李淑贞,张立,张恒,等.人民治理黄河 70 年水资源保护进展[J].人民黄河,2016,38(12):35-38,78.

第三节　强化黄河流域水资源管理的战略要求

强化黄河流域水资源管理,统筹协调黄河流域水资源开发、利用、保护和配置,契合新形势下国家多项战略部署的要求,具有极其重要的战略意义。

一、新发展理念的要求

党的十八届五中全会提出了创新、协调、绿色、开放、共享等五大发展理念,这是改革开放 40 多年来我国发展经验的集中体现,更是相当长时期我国发展思路和方向的集中体现。强化黄河流域水资源管理,需要认真贯彻新发展理念的要求。

践行协调发展理念是解决黄河流域省份发展不平衡不充分问题的制胜要诀。黄河流域省份 2019 年年底总人口 4.4 亿,占全国的 31.6%;地区生产总值 24.74 万亿元,约占全国的 25%。① 总体来讲,黄河上中游 7 省(自治区)发展相对不充分,流域各省(自治区)之间的发展差距较大。水资源是黄河流域各省(自治区)发展的重要约束性资源,通过强化黄河流域水资源管理特别是优化水资源的区域配置,能更好地促进区域协调发展,引导产业转移和结构升级,平衡区域发展和城市建设,推动缩小黄河上中游与下游的发展差距。

践行绿色发展理念是实现黄河流域经济社会可持续发展的必由之路。黄河流域水资源总量少、人均占有量低等特征正在成为制约流域经济社会发展的瓶颈。为实现流域经济社会可持续发展,必须以绿色发展理念指导黄河流域水资源管理工作。通过系统科学的管理体制建设,有序利用水资源、合理配置水资源、科学保护水资源,形成流域水资源开发利用和生态保护的良性互动,为黄河流域经济社会发展提供稳定性强和可持续性强的水资源供给。

---

① 全国及各省(自治区)2019 年国民经济和社会发展统计公报。

践行共享发展理念是满足黄河流域人民群众对美好生活向往的有效途径。人民是推动发展的根本力量,实现好、维护好、发展好最广大人民根本利益是发展的根本目的。开展黄河流域水资源管理,其根本出发点是满足黄河流域人民群众对美好生活的向往。在流域内区域发展水平不一、发展质量普遍有待提高的现实背景下,应以共享发展理念指导水资源管理工作,探索构建以水资源为核心的跨区域利益共享机制,促进下游省(自治区)对上中游的辐射带动,形成流域协同发展的新局面。

二、黄河流域生态保护和高质量发展战略的要求

2019 年 9 月,黄河流域生态保护和高质量发展座谈会召开,将黄河流域生态保护和高质量发展上升为重大国家战略,并提出了加强生态环境保护、保障黄河长治久安、推进水资源节约集约利用、推动黄河流域高质量发展和保护、传承、弘扬黄河文化等主要目标任务。[1] 强化水资源管理契合该项战略要求,具有较强的战略意义。

强化黄河流域水资源管理是推进黄河流域生态保护工作的直接要求。黄河流域范围很广,生态地位重要,横跨三大高原和黄淮海平原,流经 9 个省(自治区),特别是其流域范围内的三江源、祁连山、河套平原、黄淮海平原等地理单元,均是具有水源涵养、防风固沙、生物多样性保护等生态功能的重要区域,对维护国家和区域生态安全发挥着十分重要的作用。[2] 推进黄河流域生态保护,抓好水资源节约保护和治理是关键性、源头性问题。

强化黄河流域水资源管理是实现黄河流域高质量发展的重要保障。无论生产经营还是人民生活,淡水资源均是基础性的资源保障。在供给层面,黄河流域水资源总量不大,黄河流域人口密度较高、人均水资源量明显低于全国平均水平,水资源供给能力相对有限。在需求层面,流域省份对黄河水资源的依

---

① 习近平.在黄河流域生态保护和高质量发展座谈会上的讲话[J].求是,2019 (20):4-11.
② 王夏晖.让黄河成为造福人民的幸福河[N].光明日报,2019-11-16(5).

赖性较强,随着经济总量的扩张,用水需求呈现扩张的趋势。全流域水资源紧张和水资源需求扩张的矛盾已经成为制约黄河流域高质量发展的重要瓶颈。在此背景下,迫切需要强化黄河流域水资源保护和治理,通过优化用水结构和方式、减少污染排放、加强生态保护等系列措施,夯实高质量发展的水资源保障。

三、深入实施乡村振兴战略的要求

乡村振兴战略包括产业振兴、人才振兴、文化振兴、生态振兴、组织振兴的全面振兴,是现阶段"三农"工作的总抓手。黄河流域农村人口众多,是乡村振兴战略实施的重要区域。能否妥善解决好黄河水资源存在的诸多现实问题,直接影响到我国乡村振兴战略目标的实现。

强化黄河流域水资源管理是脱贫攻坚和乡村振兴有效衔接的有力抓手。"十四五"时期作为脱贫攻坚和乡村振兴有效衔接的关键时期,针对黄河流域上中游地区和下游滩区脱贫人口相对集中、乡村经济发展相对滞后的现状,有必要进行有针对性的支持。其中,强化黄河流域水资源管理,为流域群众解决好防洪安全、饮水安全、生态安全等问题,能够降低脱贫群众因自然灾害等因素再次返贫的可能性,更好地满足流域群众特别是偏远地区群众的生产生活用水需求,有效促进脱贫攻坚成果巩固。

强化黄河流域水资源管理是促进乡村实现全面振兴战略目标的有效途径。黄河流域及相关地区是我国农业经济开发的重点地区,耕地面积约占全国的13%,多种农产品在全国占有重要地位,①具备发展现代农业、推进乡村产业振兴的良好基础。乡村产业振兴需要各类要素禀赋支撑,通过对黄河水资源的科学开发利用,更好地匹配现代农业、特色产业发展的用水需求,助力乡村产业振兴目标的实现。乡村生态振兴同样与黄河流域生态保护密不可分,通过强化水

---

① 《黄河年鉴 2019》。

资源治理,着力解决经济发展与生态争水的突出矛盾,能够较好地破解乡村发展的桎梏,促进乡村振兴、生态振兴目标的实现。

第四节　黄河流域水资源科学管理的方向与路径探讨

开展黄河流域水资源管理,需要贯彻落实五大发展理念,坚持"节水优先、空间均衡、系统治理、两手发力"的总体方向,增强水资源开发利用、配置和保护的系统性、整体性、协同性,有针对性地开展顶层设计和制度创新,以黄河流域的科学化水资源管理推进黄河流域的高质量发展。

一、坚持"以水四定",立足流域现状统筹规划

习近平总书记在黄河流域生态保护和高质量发展座谈会上提出,要坚持以水定城、以水定地、以水定人、以水定产,把水资源作为最大的刚性约束,合理规划人口、城市和产业发展。[①] 因此,应将黄河流域水资源管理视作一项系统工程,加强顶层设计,立足实际统筹规划,分区域、分步骤稳步推进。

一是高度重视水资源管理工作,充分认识黄河流域水资源管理所面临的严峻形势,加快黄河保护立法,在水资源利用层面进行严格的总量控制。黄河流域水资源总量有限且已高度开发利用。黄河流经省(自治区)面积占全国的38.5%,经济总量占全国的21.95%,但水资源总量仅占全国水资源的10.73%。[②]必须充分认识黄河流域水资源总量不足这一基本现实,在此基础上开展水资源管理工作。

二是将水资源作为最大的刚性约束,统筹规划人口、城市和产业发展。将

① 习近平. 在黄河流域生态保护和高质量发展座谈会上的讲话[J].求是,2019(20):4-11.

② 郭晗,任保平. 黄河流域高质量发展的空间治理:机理诠释与现实策略[J]. 改革,2020(4):74-85.

资源刚性约束指标分解至各省份、各城市,使黄河水资源指标成为和土地、能耗同等级的经济社会发展的重要约束性指标,倒逼黄河流域加快建立绿色、低碳、循环的现代产业体系。根据对未来黄河水资源的合理估测结果来规划人口、城市和产业布局,通过合理规划,避免加剧水资源供需间的矛盾。

三是从长期可持续发展的视角出发,充分评估黄河流域水资源的开发潜力,合理规划未来相当长时期的黄河流域乃至流域各省份的区域定位和发展方向。黄河存在水资源分布不均衡、部分地区水文地质条件恶化和水质下降、地表水资源季节性变化大、挟带泥沙量大等特征,进一步开发利用难度较大,需要立足全流域可持续发展,从更长的时间维度上合理规划。2013 年国务院批复了《黄河流域综合规划(2012—2030 年)概要》,提出了 2030 年的规划目标,目前应加快开展基于 2020 年基础的后续研究论证工作。

二、坚持节水优先,继续强化节水型社会建设

黄河流域水资源总体匮乏,随着经济社会发展和人口增长,水资源供需矛盾有可能进一步加剧。深度节水是缓解当前黄河流域水资源供需矛盾最经济、最现实、最优先的途径。因此,需要坚持节水优先的原则,强化节水型社会建设,减缓水资源消耗量增长速度,努力实现水资源供求基本保持平衡。

一是健全完善节水制度。我国水资源利用效率低下的原因是多方面的,既有技术方面的问题,也有投入方面的问题,但从根本上看是节水制度的缺失或不合理。为进一步健全节水制度体系,应在严格实施水资源有偿使用制度、改革完善和执行水价制度、强化污水排放达标与收费制度、积极有序地实施水权交易制度、构建水资源资产核算制度、建立健全节水投入保障机制等方面扎实推进。[①]

二是大力发展节水产业和技术。针对黄河流域水资源供需矛盾,着力夯实

① 谷树忠,李维明.向制度要节水[J].中国水利,2015(7):7-10.

节水的产业基础和技术支撑。一方面,大力发展节水产业。节水产业是节水型社会建设的重要参与对象,政府是节水产业发展的牵引力量和保证主体,企业是节水产业发展的最终策动力、执行主体及需求主体,公众是节水产业的影响力和舆论主体。应建立良性的投入机制以启动节水市场,制定合理水价措施促进节水产业发展,加强节水产业调控和管理促进节水产业有效供给。[①] 另一方面,大力发展和推广节水技术。应采取积极政策措施,加强节水技术创新和科技成果转化。鼓励农业节水灌溉技术研发及推广应用,建设绿色高效生态农业。鼓励工业企业特别是高耗水行业工业企业开展节能节水技术改造。

三是以产业结构升级推动降低生产用水需求。黄河流域是我国粮食主产区,农业用水量较大,同时产业结构偏重,煤炭采选、煤化工、钢铁、建材、有色金属冶炼等行业耗水量较大。在 2017 年黄河流域的用水结构中,农业用水总量占比达到 65%,工业用水总量占比达到 15%,生活用水总量占比达到 14%,生态用水总量占比仅有 6%,工农业和生活用水对生态流量的严重挤压,导致水环境自净能力不足,进而对黄河流域的生态环境保护和可持续发展形成了严重的制约。[②] 在此背景下,一方面,要加快农业现代化升级,提高节水效率,降低水资源消耗;另一方面,要继续大力推进传统产业转型,坚决抑制不合理用水需求,减少新上高耗水企业,提高工业用水回用效率。

四是引导全民节水,降低生活用水总量增速。针对居民节水意识不强的现状,加强节水政策宣传,形成全民节水的舆论氛围。加强政策引导,降低人均生活用水消耗量。通过建立更加市场化的居民用水定价制度,发挥水价的经济杠杆作用,促进节水产品应用,引导居民形成良好的用水习惯。鼓励居民普遍采用节水产品,在有条件的地区适时推出节水产品强制使用政策。

---

① 王浩,褚俊英.我国节水产业的发展对策[J].中国水利,2005(13):59-62.
② 中国国际咨询工程有限公司研究报告《关于黄河流域生态保护和高质量发展用水保障的思考与建议》,作者曲永会。

三、立足流域统筹，合理配置和引入水资源

黄河流域存在水资源分布不均衡、部分地区水文地质条件恶化和水质下降、地表水资源季节性变化大等特征，这是开展黄河水资源治理的重要前提条件。在此现实条件约束下，应立足流域统筹，合理规划配置现有水资源，增强水资源跨区域配置的能力。

一是动态优化水资源的区域配置。现行的黄河流域水资源分配方案"87分水方案"出台已有 30 余年，流域各省份和主要城市的发展和功能定位均出现了不同程度的差异，有必要根据流域主体功能定期动态优化水资源配置。最新研究表明：按照流域主体功能实现水资源分配机制，使黄河流域最大可能节水23.01 亿立方米；流域主体功能水资源分配机制给黄河流域主体功能实现分别带来 4 344.48 亿元的生产功能增量、991.35 亿元的生态功能价值增量，可多承载 8 194.84 万人口；减少宁夏和山东的农业用水及内蒙古工业用水分配对黄河流域水资源优化分配至关重要。[①]

二是改革完善引黄供水管理制度。黄河流域周边海河、淮河流域同样属于严重缺水地区，黄河还承担着向流域外供水的任务。流域外供水的城市有郑州、济南、青岛、天津、北京、沧州等，农业方面承担向黄河下游两岸流域外的河南、山东等大型引黄灌区的灌溉供水任务，此外还承担向白洋淀跨流域生态补水任务。由于黄河供水水价较低，其未来供水任务难以减轻，向流域外调生产、生活和生态用水的任务还在加重。[②] 鉴于此，应改革完善引黄供水管理制度，合理确定黄河水资源向流域外供水的总量，提高水资源的使用效率。

三是加强相关水利基础设施建设。水利基础设施建设是强化黄河流域水

---

① 马涛,王昊,谭乃榕,等.流域主体功能优化与黄河水资源再分配[J].自然资源学报,2021,36(1):240-255.
② 中国国际咨询工程有限公司研究报告《关于黄河流域生态保护和高质量发展用水保障的思考与建议》,作者曲永会.

资源管理的重要保障。党的十九大报告做出了加强水利基础设施网络建设的总体部署。国务院办公厅关于保持基础设施领域补短板力度的指导意见（国办发〔2018〕101号）再次强调补齐水利领域基础设施短板，加快建设一批引调水、重点水源、江河湖泊治理、大型灌区等重大水利工程，进一步完善水利基础设施网络。2019年全国水利建设落实投资7 260亿元，达到历史最高水平。龙羊峡水电站枢纽等水利工程建设在黄河治理过程中发挥了重要作用，当前解决黄河流域水资源配置问题，同样需要继续加强各类水利基础设施建设，夯实水资源科学管理的基础。

四、加强制度创新，推进流域水资源协同治理

实现黄河流域水资源科学管理，还必须在制度创新上持续发力，通过健全和完善相关体制机制，理顺流域各主管部门、各省份、各大城市间的协调配合机制，形成强化水资源管理的合力。

一是健全黄河流域内省份水资源管理的协调配合机制。在机构设置方面，应探索整合水资源行政机关职能，以充分适配流域治理的制度需求与生态需求。在考核监督方面，由于黄河流域上中下游的水资源现状和水资源管理工作重心不同，需要配备因地制宜的考核评价机制。[①] 同时，加快建立常态化的流域水资源协同管理和沟通协调机制，将总体目标及时量化细化分解。

二是进一步健全流域内利益共享机制。流域内部各省份发展阶段和具体情况不一，对水资源的需求差异较大，很难通过简单的行政手段来推动水资源科学管理和最优化配置。因此，应进一步健全流域内的利益共享机制，鼓励上游地区加强生态保护投入提升涵养能力，中游地区加强水土保持工作力度，受益于上中游地区投入的下游地区以多种形式反哺上中游地区，形成有效的黄河共同治理利益共享的激励机制。

---

① 王雅琪，赵珂.黄河流域治理体系中河长制的适配与完善[J].环境保护，2020，48(18)：56-60.

　　三是推进水资源管理向流域与区域协同治理转型。对黄河这类跨越多个省（自治区）的大型河流而言，在解决流域问题方面，流域统一管理通常较区域管理更加有效。当前黄河流域水资源治理中，存在法律规范不完善、流域管理机构自身定位不清、条块分割矛盾明显、九龙治水乱象突出、流域管理机构缺乏有效执行权力、动员社会参与能力严重不足等问题，应通过改革黄河流域水资源管理体制运行机制、增强流域管理机构服务职能、立法加强流域管理机构职权、引导社会力量共同参与等措施，推进黄河流域水资源协同治理。

5

恢复与建设：黄河流域生态保护方向与路径

黄河流域生态保护具有重要的战略意义。黄河流域生态环境脆弱,上游局部地区生态系统退化、水源涵养功能降低;中游水土流失严重,汾河等支流污染问题突出;下游生态流量偏低,一些地方河口湿地萎缩,流域的工业、城镇生活和农业面源三方面污染加剧黄河水质恶化。[①] 着力加强生态保护治理是推动黄河流域生态保护和高质量发展的关键环节。本章将首先在数据资料支持下分析黄河流域生态保护的总体形势、进展情况、政策体系及存在问题,然后结合黄河流域上游、中游、下游的现实情况,分析其生态保护的主要短板,在此基础上开展生态保护的路径探讨。

第一节　黄河流域生态现状及存在问题

全面准确认识黄河流域生态现状,分析提出生态建设和保护中存在的核心问题,是推进黄河流域生态保护的前提。总体来看,黄河流域生态保护面临的形势十分严峻,亟待引起重视。

一、黄河流域生态保护总体形势

黄河流域横跨我国北方东、中、西三大地理阶梯,是我国重要生态屏障的密集区。总体来看,自然生态脆弱是黄河流域生态保护面临的首要问题,生态保护的总体形势十分严峻。

从气候特征来看,黄河流域气候的总体特点是季节差别大、温差悬殊,降水集中、分布不均、年际变化大,湿度小、蒸发大,冰雹、沙暴、扬沙天气多。温差悬殊是黄河流域气候的一大特征,随地形三级阶梯自西向东由冷变暖,气温的东西向梯度明显大于南北向梯度。流域大部分地区年降水量在200~600毫米,年内分配极为不均,冬干春旱,夏秋多雨,6—9月降水量占全年的70%左右;蒸发

---

① 习近平.在黄河流域生态保护和高质量发展座谈会上的讲话[J].求是,2019(20):4-11.

强烈,甘肃、宁夏和内蒙古中西部地区属国内年蒸发量最大的地区,最大年蒸发量可超过 2 500 毫米。① 流域内光照充足,日照百分比超过 50%,远高于长江流域。

从生态系统特征来看,黄河流域生态系统退化严重,天然草场退化、湿地面积萎缩、水土流失严重、生物多样性减少。出于长期掠夺开发、过度放牧和气候变化等原因,黄河上游天然草场退化严重,退化率在 50% 以上。沼泽生态系统退化明显,土地沙化突出。下游人口稠密,开垦河道湿地现象较多,部分湖泊、湿地严重退化,导致湿地面积日益萎缩,黄河三角洲湿地明显减少。黄河上中游流经的黄土高原是世界上最大的黄土分布区,出于自然和人为原因,近年黄河流域水土流失加大,水土流失面积达 46.5 万平方千米,占总流域面积的 62%,是我国水土流失最为严重的地区。大量的水土流失不仅会导致土壤贫瘠,产量低下,还会导致大量泥沙在下游集聚,抬升河道,影响行洪。生物多样性减少,尤其是鱼类资源出现衰退态势。由于湿地面积明显减少,黄河流域生物多样性也在减少。20 世纪 80 年代,黄河流域有鱼类 130 种,其中土著鱼类 24 种、濒危鱼类 6 种;到 21 世纪初,干流鱼类仅余 47 种,土著鱼类 15 种,濒危鱼类 3 种。②

从流域水文特征来看,黄河流域水文水资源的总体特点是水少沙多、水沙异源,多年的年平均天然径流量 $5.92×10^{10}$ 立方米,仅占全国河川径流总量的 2%,近年呈现下降趋势;人均水资源量不足 600 立方米,为全国人均水量的 1/4;黄河水量主要来自兰州以上和秦岭北麓,泥沙主要来自河口镇至龙门区间与泾河、北洛河及渭河上游地区。③

从水资源特征来看,水环境恶化,流域生态承载力不断下降。随着黄河流域工业化和城镇化快速推进,工业生产和城镇生活用水大量增加,导致废水、污

---

① 徐勇,王传胜.黄河流域生态保护和高质量发展:框架、路径与对策[J].中国科学院院刊,2020,35(7):875-883.
② 梁静波.协同治理视阈下黄河流域绿色发展的困境与破解[J].青海社会科学,2020(4):36-41.
③ 徐勇,王传胜.黄河流域生态保护和高质量发展:框架、路径与对策[J].中国科学院院刊,2020,35(7):875-883.

水的生产和排放量增多。目前黄河流域废污水排放量占全国的 6%，化学需氧量排放占全国的 7%。污染加剧使黄河水体稀释与降解能力越发薄弱，特别是汾河支流，劣 V 类断面比例高达 61.5%。① 农业生产中化肥、农药的大量使用又加剧了黄河流域农业面源的污染。长期以来黄河流域经济发展方式粗放，污染治理滞后，流域内清洁生产和污染治理能力总体较低。另外，由于黄河流域常年降水少、水量少，水体稀释能力和降解污染物能力明显下降，致使黄河水环境自净能力不足，水质变差。②

二、黄河流域生态建设和保护的进展情况

进入 21 世纪以来，黄河流域生态问题开始受到越来越广泛的关注，各级政府实施了一系列生态建设和保护措施，流域整体生态环境持续明显向好，但是生态保护面临的形势依然严峻。

水土流失综合防治成效显著，黄河流域的水土环境得到了很好的修复。《概要》指出，截至 2011 年年底，黄土高原地区水土流失防治取得了初步成效，累计治理水土流失面积 22.56 万平方千米，建成淤地坝 9 万多座，以及大量的小型蓄水保土工程，年平均减少入黄泥沙 4 亿吨左右，改善了当地生态环境和人民群众的生产生活条件，取得了显著的经济、生态和社会效益。③

水资源和水生态保护工作逐步得到重视和加强。流域内大中城市污水处理设施建设力度加大，污水处理率有所提高，水质有所改善，水功能区监督管理能力增强；水生态保护力度加大，黄河源区水源涵养功能和生物多样性、河流生态系统功能在一定程度上得到改善。④ "十三五"时期，通过科学配置、统一调度，确保引黄耗水总量不超标，全河累计供水 1 700 亿立方米，实现黄河连续 21

---

① 刘家旗,茹少峰.基于生态足迹理论的黄河流域可持续发展研究[J].改革,2020(9):139-148.
② 梁静波.协同治理视阈下黄河流域绿色发展的困境与破解[J].青海社会科学,2020(4):36-41.
③ 水利部《黄河流域综合规划(2012—2030 年)概要》。
④ 同③。

年不断流,流域生态系统质量稳中向好。①

　　上中下游生态保护工作均取得不同程度进展。在黄河流域生态保护和高质量发展座谈会上,习近平总书记总结了上中下游生态保护的成绩,三江源等重大生态保护和修复工程加快实施,上游水源涵养能力稳定提升;中游黄土高原蓄水保土能力显著增强,实现了"人进沙退"的治沙奇迹,库布齐沙漠植被覆盖率达到53%;下游河口湿地面积逐年回升,生物多样性明显增加。② 在植被覆盖方面,目前黄河流域森林覆盖率为19.36%,低于全国21.63%的森林覆盖率平均水平。③

三、黄河流域生态保护的政策制度体系

　　党的十八大以来,黄河生态保护进入生态文明建设新时代,法规体系建设、规划引领、政策配套等相关推进体系进一步完善。目前,黄河流域生态保护的政策制度体系主要可以归纳为以下层面:

　　在水法规层面,黄河流域各类水事活动基本做到有法可依。目前,我国已经建立并形成了以《中华人民共和国水法》为核心,包括4部法律、20部行政法规、52部部门规章以及980余部地方性法规和政府规章的较为完备的水法规体系,内容涵盖水旱灾害防御、水资源管理、水生态保护、河湖管理、执法监督管理等水利工作的各个方面。中央层面的水法规包括水法律、水行政法规、水部门规章。现行有效的水法律主要有4部:《中华人民共和国水法》《中华人民共和国防洪法》《中华人民共和国水土保持法》《中华人民共和国水污染防治法》。现行有效的水行政法规主要有20部,涉及黄河流域的包括《中华人民共和国河道管理条例》《中华人民共和国防汛条例》《蓄滞洪区运用补偿暂行办法》《取水许可和水资源费征收管理条例》《黄河水量调度条例》《南水北调工程供用水管

---

① 黄河水利委员会黑河流域管理局网站。
② 习近平. 在黄河流域生态保护和高质量发展座谈会上的讲话[J].求是,2019(20):4-11.
③ 郭晗. 黄河流域高质量发展中的可持续发展与生态环境保护[J].人文杂志,2020(1):17-21.

理条例》等。现行有效的水部门规章有 52 部,包括《水行政处罚实施办法》《水利工程供水价格管理办法》《水量分配暂行办法》《取水许可管理办法》等,内容涵盖水资源管理、河道管理、水土保持、水政监察等水利管理的主要方面。流域各省(自治区)也分别出台了相关地方性法规和政府规章。①

在规划层面,围绕黄河流域生态保护和高质量发展战略的新一轮规划正在编制。国务院 2011 年发布的《全国主体功能区规划》关于我国生态安全战略的布局中,青藏高原生态屏障、黄土高原-川滇生态屏障以及北方防沙带,均处于黄河流域。2013 年国务院批复《黄河流域综合规划(2012—2030 年)概要》,提出到 2030 年,黄河水沙调控和防洪减淤体系基本建成,洪水和泥沙有效控制;水资源利用效率接近全国先进水平;水功能区水质全部达标,重要水生态保护目标的生态环境用水基本保证;适宜治理的水土流失区有效治理;流域综合管理现代化基本实现。2020 年 8 月,中央政治局召开会议审议《黄河流域生态保护和高质量发展规划纲要》,提出要把黄河流域生态保护和高质量发展作为事关中华民族伟大复兴的千秋大计,改善黄河流域生态环境,优化水资源配置。②2021 年 1 月,《黄河流域生态保护和高质量发展水安全保障规划》通过水利部审查,成为黄河流域生态保护和高质量发展重大国家战略"1+N+X"规划政策体系中首个通过部委审查的专项规划。流域各省(自治区)同样在积极编制相关规划,共同构建黄河流域生态保护和高质量发展的规划政策体系。

在具体机制设计方面,流域内跨省份协同调控的政策体系加速构建。例如,在生态补偿机制建设方面,2020 年 4 月,财政部、生态环境部、水利部、国家林草局联合发布了《支持引导黄河全流域建立横向生态补偿机制试点实施方案》,遵循"保护责任共担、流域环境共治、生态效益共享"的原则,探索建立具有示范意义的全流域横向生态补偿模式,推动黄河流域共同抓好大保护、协同推

①　陈金木,汪贻飞.我国水法规体系建设现状总结评估[J].水利发展研究,2020,20(10):64-69.
②　中共中央政治局.中共中央政治局召开会议审议《黄河流域生态保护和高质量发展规划纲要》[J].中国水利,2020(17):6.

进大治理。沿黄9省（自治区）将在2020—2022年开展试点，探索建立流域生态补偿标准核算体系、完善目标考核体系、改进补偿资金分配办法、规范补偿资金使用。

四、黄河流域生态保护存在的主要问题

尽管已取得了多项成就，受限于外部环境和体制机制等多重因素，黄河流域生态保护中仍存在一些突出问题，亟待有针对性地予以解决。

一是流域上中下游生态保护的统筹度不高。黄河上下游地区的生态条件和经济发展水平差异较大，对生态保护和经济发展的诉求同样存在较大偏差。上游地区的生态环境好、水源充足，但是经济社会发展水平比较落后；中游地区能源资源非常丰富，但是生态环境比较脆弱；下游地区土地肥沃，发展水平较高，但是水资源相对匮乏。[①] 生态资源禀赋和经济发展水平的不匹配，导致了上游地区既缺乏加强生态建设的动机，又缺少足够的投入能力；中下游直接受益于上游黄河生态保护的成果，又不需要付出足够的成本。在这一背景下，全流域整体规划，统筹开展生态建设和保护具有了更强的现实意义。《国务院办公厅关于保持基础设施领域补短板力度的指导意见》（国办发〔2018〕101号）明确提出，支持重点流域水环境综合治理。

二是政策体系和体制机制有待健全。尽管黄河流域生态保护已有多项法律法规依据，黄河保护专门立法尚未完成。开展"黄河保护法"专门立法，从全流域尺度对黄河实施统一综合治理，是解决黄河流域生态环境保护难题，推动黄河流域实现高质量发展的根本需求。[②] 在全流域综合治理的组织机构方面，黄河水利委员会为水利部派出的流域管理机构，在黄河流域和新疆、青海、甘肃、内蒙古内陆河区域内（以下简称"流域内"）依法行使水行政管理职责。该机构行政级别为厅级，在协调流域多个省（自治区）方面存在一定难度。缺少统

[①] 郭晗.黄河流域高质量发展中的可持续发展与生态环境保护[J].人文杂志,2020(1):17-21.
[②] 董战峰,邱秋,李雅婷.《黄河保护法》立法思路与框架研究[J].生态经济,2020,36(7):22-28.

一的全流域生态保护与经济发展协调机制,特别是黄河流域各省份间尚未形成制度化的沟通协商机制,政府间缺乏统一对话的平台。

三是生态保护措施的影响较为复杂深远。生态建设和保护是一项复杂的系统工程,人类活动对其影响难以避免,单项保护或者治理政策可能对气候和生态产生反馈,进而影响最终生态建设效果。研究表明,黄河流域整体气候的暖干化和人类用水的不断增加使黄河流域的水文干旱不断加剧。"退耕还林还草"政策的实施使黄土高原的植被覆盖得到极大改善,有效地抑制了严重的水土流失,但同时也导致该地区土壤的干化和干土层的加厚,这些是黄河流域生态保护和高质量发展面临的重大问题,也是涉及气候—水—生态—人类社会如何协同发展的基础科学问题。①

第二节　黄河流域上游生态保护的路径探讨

黄河生态系统是一个有机整体,但是上中下游的生态差异显著,生态保护的侧重点必然有所不同。黄河流域上游生态保护的关键在于水源涵养。本节将在系统分析上游生态保护主要短板的基础上,探讨生态保护的施力方向,提出上游生态保护政策体系完善的具体路径。

一、上游生态保护面临的主要问题

总体来看,黄河上游生态脆弱性特征显著,气候呈现暖干化趋势并影响区域生态和高寒环境,自然条件特殊,地质条件复杂且稳定性差,草地环境恶化严重,自然灾害多发。

气候暖干化趋势下的区域生态正在发生变化。近 50 年来,黄河上游气温

---

① 马柱国,符淙斌,周天军,等.黄河流域气候与水文变化的现状及思考[J].中国科学院院刊,2020,35(1):52-60.

呈显著上升趋势,降水变化空间差异突出,整体暖干化趋势明显,局部出现暖湿现象。① 由于气候暖干化、人类放牧、矿石开采、地质构造作用等因素影响,水源地湖泊面积、地下水位、径流量、山体积雪面积及冻土层厚度等多项指标趋于下降,进一步导致区域生态和高寒环境发生深刻变化。②

黄河上游山脉众多、东西高低悬殊,气候条件多样且年、季变化大,区内差异显著,自然条件特殊;区域地质构造复杂,岩石多已变质,谷深坡陡,断裂构造发育,稳定性较差。青铜峡下游至河口段的银川盆地、呼和浩特盆地以及六盘山西侧的陇西盆地均属于灾害性地震带。③ 部分区域自然灾害多发,宁蒙河段易出现冰凌洪水及悬河灾害;严冬季节易形成冰凌洪水灾害;河段水沙关系有所恶化,河道淤积抬高、主槽淤积萎缩、行洪能力下降。④

黄河上游的草地退化或荒漠化导致草地环境日益恶化。黄河上游地区是我国土地荒漠化最严重的地区之一,1975—2007 年土地荒漠化面积共增加了3 499.76平方千米,其中沙质荒漠化面积增加 3 407.62 平方千米,盐碱质荒漠化面积增加了 92.14 平方千米。⑤ 黄河上游是众多生物种群栖息的地区,但在干旱半干旱区域复杂的地理环境背景下,其生态脆弱性较为显著。部分生物及其种群数量呈现锐减趋势,受威胁的物种占比为 15%～20%,高于世界平均水平（10%～15%）。

二、上游生态保护的施力方向

习近平总书记在黄河流域生态保护和高质量发展座谈会上指出,黄河生态

① 张强,张存杰,白虎志,等.西北地区气候变化新动态及对干旱环境的影响:总体暖干化,局部出现暖湿迹象[J].干旱气象,2010,28(1):1-7.
② 杨永春,张旭东,穆焱杰,等.黄河上游生态保护和高质量发展的基本逻辑及关键对策[J].经济地理,2020,40(6):9-20.
③ 戴英生.黄河的形成与发育简史[J].人民黄河,1983(6):2-7.
④ 杨永春,张旭东,穆焱杰,等.黄河上游生态保护和高质量发展的基本逻辑及关键对策[J].经济地理,2020,40(6):9-20.
⑤ 李任时,邵治涛,张红红,等.近 30 年来黄河上游荒漠化时空演变及成因研究[J].世界地质,2014,33(2):494-503.

系统是一个有机整体,要充分考虑上中下游的差异。[①] 上游要以三江源、祁连山、甘南黄河上游水源涵养区等为重点,推进实施一批重大生态保护修复和建设工程,提升水源涵养能力。这一科学论断为黄河上游生态保护指明了施力方向。

一是抓住核心问题,着力提升水源涵养区水源涵养能力。黄河上游水源涵养对黄河流域水资源可持续开发利用具有决定性的作用。三江源是黄河主要水源涵养区,属于青藏高原气候系统,有冷暖之分,无四季之别,属于典型高寒生态系统,生态环境十分脆弱。从20世纪70年代开始,三江源地区生态系统开始持续退化。三江源植被以高山草甸和草原为主,出于过度放牧、毒杂草蔓延、高原啮齿类动物破坏等原因,草原退化严重。从20世纪70年代至2004年,三江源自然保护区约40%草地面积出现不同程度的退化,草地总面积减少了约1 990平方千米,水体与湿地总面积净减少约375平方千米。草原退化严重降低水源涵养能力,1995—2004年三江源自然保护区多年平均年水源涵养量为142亿立方米。2005年国务院批准《青海三江源自然保护区生态保护和建设总体规划》以来,随着生态保护工程的实施,水源涵养量以19.35亿立方米/10年的趋势增加,目前三江源自然保护区水源涵养能力约200亿立方米。

二是以生态保护修复为重点,深入推进实施重大生态保护修复和建设工程。黄河上游地区生态基础薄弱、经济发展水平较低、人口密度较少,难以满足黄河上游生态保护的资金需求,必须通过国家层面推动重大生态保护修复和建设工程实施。2005年国务院批准《青海三江源自然保护区生态保护和建设总体规划》,取得了有目共睹的效果。2014年国家发展和改革委员会正式印发《青海三江源生态保护和建设二期工程规划》,规划期限为2013—2020年。该规划对进一步加强三江源地区湿地、河流湖泊、草原生态系统保护进行了部署安排。从黄河流域高质量发展战略来考虑,有必要制定《青海三江源生态保护和建设三期工程规划》。[②]

---

① 习近平.在黄河流域生态保护和高质量发展座谈会上的讲话[J].求是,2019(20):4-11.
② 陈怡平,傅伯杰.关于黄河流域生态文明建设的思考[N].中国科学报,2019-12-20(6).

三、上游生态保护政策体系的完善

上游生态保护政策体系已基本建成，但是围绕提升水源涵养能力这一核心任务，生态保护政策体系应从以下方面进行完善。

一是划定上游生态保护的红线。应高度重视黄河上游生态保护工作，划定生态保护红线。在确保原生态保护红线、永久基本农田和城镇开发边界"三线"基础上，增加环境质量底线和资源消耗上限，并确定环境准入负面清单。推进三江源地区生态保护，科学确定牧草与载畜量的当量关系，构建生物防治的技术体系，加强人工优质牧草培育，减少草场压力。在黄河上游重要生态区中实施一批重大生态移民工程，缓解经济增长需求与生态保护的矛盾。

二是加快完善生态恢复政策。延续以退耕还林还草为主的生态恢复措施，推进上游生态恢复。推进黄河上游冲积平原地区生态恢复，根据降水和水资源时空分布特点，调整农业种植结构，压缩冬小麦种植规模，扩大饲草种植面积，缓减春旱缺水难题，减少河套等引黄灌区灌溉面积。①

三是进一步健全生态补偿机制。目前黄河上游的生态补偿机制主要包括2010年青海省探索建立的三江源生态补偿机制、国家下达的重点生态功能区转移支付和上游省（自治区）的省内流域生态补偿机制，以及陕甘两省探索的跨省流域上下游横向生态补偿机制等。应加快探索建立系统性、整体性、全覆盖、统一的流域生态补偿机制，建立跨省流域上下游横向生态补偿机制，完善重点生态功能区转移支付制度，健全黄河流域市场化、多元化补偿机制。②

---

① 徐勇，王传胜.黄河流域生态保护和高质量发展：框架、路径与对策[J].中国科学院院刊，2020，35（7）：875-883.
② 董战峰，郝春旭，璩爱玉，等.黄河流域生态补偿机制建设的思路与重点[J].生态经济，2020，36（2）：196-201.

第三节　黄河流域中游生态保护的路径探讨

黄河流域中游生态保护的重点在于水土保持和污染治理。本节将在系统分析中游生态保护主要短板的基础上,探讨生态保护的施力方向,提出中游生态保护政策体系完善的具体路径。

一、中游生态保护面临的主要问题

黄河中游是黄河流域生态保护与经济发展矛盾最突出、生态保护形势最严峻的区域。一方面,黄河水土流失问题主要产生于黄河中游的黄土高原,黄河90%以上泥沙来源于中游区域;另一方面,黄河中游地区人口众多且产业结构偏重,人类活动对流域生态保护的影响巨大。根据黄河两岸的地理形态,黄河中游从地理上分为北、中、东三段,不同区域面临的生态保护难题亦有所不同。

黄河中游北段从河口镇至龙门镇,水土流失是其生态保护面临的主要问题。这一段河流将黄土高原一切两段,东侧为晋西北黄土高原,西侧为陕北黄土高原。中段为龙门镇以南至潼关县,黄河经过龙门峡口之后进入开阔的汾渭平原缓缓流动,并接纳了两条重要的支流——渭河和汾河。东段为潼关以东至桃花峪,黄河谷地陡变狭窄,水流湍急。黄土高原的土体疏松,抗侵蚀能力弱,遇水后迅速分散、崩解,极易渗水和随水流失,造成黄河下游河道淤积抬高,加大防洪风险、决堤风险。

黄河中游干线北段流经毛乌素沙漠,尽管毛乌素沙漠治沙成效显著,但从生态属性上来看,该区域仍属于土地沙化敏感地区。该段北部多为能源县,神木、吴堡、准格尔旗、清水河、托克托、保德、偏关以及中部的韩城等县市以煤炭开采为主,大量煤矸石堆积、污水排放、采空区隐患等严重破坏了该区域的生态环境,能源化工产业的高耗能、高污染特征使这一区域环境保护压力巨大。该段南部的晋陕大峡谷两侧属于黄土高原地区,县域经济以旱作农业、畜牧业为主,经过多年退耕还林生态治理,水土流失得到一定程度的遏制,但目前仍是黄河泥沙的主要来源区,未来水土保持生态治理仍然面临较大压力。

黄河中游干线中段和东段区域人口密集,农业发达,存在着生产生活污水排放、农业面源污染等环境问题,个别城镇紧邻黄河岸边,城市大型基础设施如韩合机场的布局与建设对黄河生态平衡的影响尚未得到合理论证,人类生产生活对黄河生态的影响依然广泛存在。[①]

二、中游生态保护的施力方向

习近平总书记在黄河流域生态保护和高质量发展座谈会上指出,黄河中游要突出抓好水土保持和污染治理。[②] 有条件的地方要大力建设旱作梯田、淤地坝等,有的地方则要以自然恢复为主,减少人为干扰,逐步改善局部小气候。对汾河等污染严重的支流,则要下大力气推进治理。上述科学论断为黄河上游生态保护指明了施力方向。

一是坚持生态优先,科学系统推进水土保持。黄河流域中游地理条件复杂,不能够简单采取"一刀切"的治理方式,而是应当因地制宜,因势利导地推进水土保持工作。一方面,结合山水林田湖草工程的实施,推进生态环境的综合治理。针对山西及陕北、渭北、宁东等能矿资源开采区,采取地面居民搬迁安置、地下爆破或回填等工程措施,分类分批解决能矿资源采空区历史遗留问题。管控城镇、工业园区、矿区生活生产空间污染物源头排放,提出农村污水集中式、分散式治理新模式,加强汾河、渭河等黄河支流水环境污染综合治理。另一方面,延续以退耕还林还草为主的生态恢复措施,推进黄土高原生态恢复。黄河泥沙表象在黄河,根子在黄土高原。20 世纪 50 年代至今,黄土高原水土流失

① 冉淑青,曹林,刘晓惠.蒙晋陕豫合作推进黄河中游沿线地区高质量发展研究[J].区域经济评论,2020
(6):30-37.

② 习近平.在黄河流域生态保护和高质量发展座谈会上的讲话[J].求是,2019(20):4-11.

治理经历了坡面治理、沟坡联合治理、小流域综合治理和退耕还林还草四个阶段。2000 年至今为退耕还林还草治理阶段，植被从 1999 年的 31.6% 增至 2017 年的约 65%；黄土高原水土流失得到了有效控制，入黄泥沙由 20 世纪 50 年代至 60 年代中期的 15 亿吨左右减少至 2 亿吨。未来黄土高原退耕还林还草工程需要进一步优化和调整结构，巩固现有成绩，同时，须维持一定泥沙量，保障黄河三角洲海岸带生态安全。[1]

二是结合高质量发展要求，开展大力度污染防治。黄河流域是我国农耕经济的发源地，早在西周至秦汉时期，黄河中游地区已发展成繁荣的农耕经济。中游地区产业结构不够合理，经济发展过多依赖能源与原材料产业，面临着依赖资源过度开发的困难。煤炭开采、金属冶炼、化工等高污染、高能耗企业数量多，又会加剧企业污水污染物排放达标难度，从而进一步制约黄河中游污染治理效果。中游黄土高原农业经济发展现代化程度偏低，生产经营规模偏小，水资源利用效率较低，加剧了水土流失和土地盐碱化、沙化。因此，必须以高质量带动污染防治，通过大力推进中游地区产业转型升级，坚决淘汰落后产能和高污染企业，鼓励传统产业通过技术改造等方式降低耗水量和减少污染物排放。鼓励发展现代农业，提高规模化经营主体比例，推进智慧农业、绿色农业发展。在此基础上，加大污染治理的投入力度，更能取得事半功倍的效果。

三、中游生态保护政策体系的完善

黄河中游生态保护政策体系相对薄弱，更多是以省为单位各自为战。围绕中游水土保持和污染治理这两大核心任务，中游生态保护政策体系应从以下方面进行完善。

一是统筹构建水土保持相关政策体系。黄河中游流域面积占到全流域面积的 43.3%，沿岸城市发展情况不一。而中游地区水土流失强度大，治理难度

---

① 陈怡平，傅伯杰.关于黄河流域生态文明建设的思考［N］.中国科学报，2019-12-20（6）.

大,既需要建设大型水利枢纽设施进行调水调沙,又需要多个地区共同投入开展治理工作。因此,必须统筹构建水土保持相关政策体系,明确总体任务目标,在国家和省级加大水利设施建设的同时,明确各地市政府任务分工,形成区域内水土保持共同治理的合力。

二是健全污染治理的激励约束机制。受限于相对薄弱的资源禀赋和产业结构,中游地区污染治理难度较大,必须建立强有力的约束机制,制定严格的环境治理标准,划定资源消耗上限,并将具体任务目标分配至各地方政府,倒逼各地区产业绿色化生态化转型。同时,加大对地方政府污染治理和生态保护方面成绩的奖励力度,激励各地加大污染治理投入。着力培育全民环保意识,减少居民生活污水垃圾产生量。

三是构建流域上中下游协同配合机制。中游地区的生态保护进展情况,直接影响下游地区的经济可持续发展和生态环境保护。特别是中游水土流失会直接加剧下游地区河道泥沙淤积,上中游污染物排放会影响下游水资源质量,上中游过度取水同样会减少下游生态用水总量进而影响生态环境。鉴于此,应加快构建流域上中下游协同配合机制,探索设立高规格的黄河流域生态保护常态化对话机制,建立市场化的水资源定价机制和科学合理的跨区域生态补偿机制。

第四节　黄河流域下游生态保护的路径探讨

黄河流域中游生态保护的重点是湿地的治理和保护。本节将在系统分析下游生态保护主要短板的基础上,探讨生态保护的施力方向,提出下游生态保护政策体系完善的具体路径。

一、下游生态保护面临的主要问题

下游黄河三角洲是世界上最年轻的湿地生态系统,主要为河滩地、河流故道、决口淤积地区、洼地与背河洼地、冲积岛等，其生态治理和保护主要存在三方面的问题。

一是黄河水沙减少导致的海水侵蚀问题。20世纪60—90年代，黄河水携带泥沙进入三角洲，每年新增淤地约1 230公顷，为该地区提供了丰富的后备土地资源。但是黄河水携带大量泥沙，也导致下游形成800多千米的地上悬河，水灾隐患极大。为此，毛泽东提出"要把黄河的事情办好"的要求。可是近年来黄河水沙减少，黄河三角洲被海水不断侵蚀。根据利津站水文统计数据，1998—2016年河口面积减少约41平方千米，年均蚀退2.53平方千米，其中刁口河故道区域累计蚀退超过10千米，侵蚀导致退化面积超过200平方千米。

二是人类活动导致的环境污染问题。黄河三角洲蕴含着大量的油气资源，在石油资源开采、运输和加工过程中，由于化石燃料的不完全燃烧，大量的持久性有机污染物进入环境中，并在不同环境介质中传递富集，造成盐渍化土壤被石油污染，从而导致生态系统结构破坏、功能衰退、生物多样性减少、生物生产力下降以及土壤地力衰退等环境问题。流域城镇污水处理能力不足、管网不健全、雨水污水混流溢流等现象还比较普遍，部分地区存在污水未收集处理直排入河现象。①

三是多方面因素导致的湿地退化问题。黄河三角洲天然和人工湿地分别占全国湿地总面积的68.4%和31.6%。黄河三角洲国家级自然保护区总面积约15.3万公顷，其中核心区7.9万公顷，缓冲区1.1万公顷，实验区6.3万公顷。黄河三角洲自然保护区为动植物提供了良好的栖息环境。据统计，黄河三角洲分布各种野生动物达1 524种，其中，海洋性水生动物418种，淡水鱼类108种，植物393种，野生鸟类368种，其中38种数量超过全球1%，是全球候鸟迁徙的重要栖息地。但1998—2016年湿地植被净初级生产力总量呈下降趋势，其原因除了气候和土地盐碱化之外，外来物种互花米草入侵也是导致湿地退化的主要

---

① 董战峰，璩爱玉，冀云卿.高质量发展战略下黄河下游生态环境保护[J].科技导报，2020,38(14):109-115.

原因。截至 2018 年,互花米草已超过 4 400 平方千米。互花米草具有强大的无性繁殖能力,使盐地碱蓬、海草床生境逐渐被侵占,鸟类觅食、栖息生境逐渐减少或丧失,造成鸟类种数减少、多样性降低,滩涂底栖动物密度降低了 60%,导致湿地生物群落组成和结构发生变化。①

二、下游生态保护的施力方向

习近平总书记在黄河流域生态保护和高质量发展座谈会上指出,下游的黄河三角洲是我国暖温带最完整的湿地生态系统,要做好保护工作,促进河流生态系统健康,提高生物多样性。上述科学论断同样为下游生态治理和保护指明了施力方向。

一是积极促进河流生态系统建设。在加强污染防治减少污染物排放的基础上,加快实施黄河三角洲国际重要湿地保护与恢复工程等重大生态修复项目,加强黄河下游水利基础设施建设,采取退耕还湿、退养还滩、河岸带生态保护与修复等一系列措施,促进黄河下游河道、河口三角洲及附近海域生态系统的结构与功能修复。

二是持续做好下游污染防治工作。黄河下游地区经济发展水平较高且呈现人多地少的特征,②部分地区环境污染严重,客观上加剧了生态环境风险。下游省份已着手把油田等生产企业与设施退出黄河三角洲国家级自然保护区的核心区,避免黄河三角洲继续遭受重金属与持久性有机污染物污染。下一步,应持续做好下游污染防治工作。通过深化产业结构转型,逐步降低重化工业在经济结构中的比重,逐步关停淘汰现有高污染企业,推进传统产业企业绿色化升级改造,降低工业生产对黄河流域生态的负面影响。提高城镇和农村基础设施建设水平,规范化建设城镇集中式饮用水水源地和农村水源地,提升城乡污

①　陈怡平,傅伯杰.关于黄河流域生态文明建设的思考[N].中国科学报,2019-12-20(6).
②　黄河流域面积 79.5 万平方千米(包括内流区面积 4.2 万平方千米),其中桃花峪以下为下游,河道长786 千米,流域面积 2.3 万平方千米,仅占到全流域面积的不足 3%。

水处理能力,完善城乡污水管网体系,减少居民生活对黄河流域生态的影响。

三是提高黄河三角洲生物多样性。一方面,做好有害生物防控,积极遏制入侵生物。加强有害入侵生物监控,科学开展有害入侵生物防控工作,遏制以互花米草为代表的入侵生物恶性蔓延,促进河流生态系统健康,改善滩涂生物栖息地质量。另一方面,加强对黄河三角洲生物保护力度。通过实施湿地修复工程,遏制海水倒灌和侵蚀,推动恢复湿地功能和改善生态环境,为珍稀鸟类提供繁殖地和栖息地,改善原生植物物种生存环境。①

三、下游生态保护政策体系的完善

黄河下游生态治理和保护政策体系相对完善,2009 年 12 月国务院通过了《黄河三角洲高效生态经济区发展规划》,划定了核心保护区、控制开发区和集约开发区。下游的河南、山东两省出台了多项推进黄河流域生态保护的政策措施。就下游生态治理和保护政策体系而言,还需要做好以下 3 方面工作。

一是优化黄河三角洲生态保护政策体系。建立健全自然保护区及其他重点生态区的法律法规制度,探索开展黄河三角洲保护立法。加强区域内生态治理和保护工作的协同性,建立河南、山东两省的生态保护合作机制,整合现有生态保护政策,推进跨地区共同实施重大生态修复工程。充分落实地方政府监管和保护职责,实行自然资产离任审计和终身追究制度。

二是加强下游地区污染防治的调控力度。统筹协调经济发展和生态保护的关系。严格执行核心保护区、控制开发区的相关政策,坚持以绿色发展理念指导区域经济社会发展,通过实施财政金融等政策措施,逐步降低企业生产性污染物排放规模。健全利益共享机制,加大基础设施投入力度,提升居民生活污水、垃圾处理率,严格杜绝污水直接排放入河。

三是围绕提高生物多样性开展系统性的制度设计。生物多样性问题已成

---

① 董战峰,璩爱玉,冀云卿.高质量发展战略下黄河下游生态环境保护[J].科技导报,2020,38(14):109-115.

为黄河流域下游生态保护工作中不容忽视的重要问题，而目前直接的制度设计较少，尚未形成体系化的政策框架。下一步，流域下游地区应在科学论证的基础上，针对植物多样性提高、鸟类栖息地和繁殖地保护、入侵有害物种防控等突出问题，加快出台相应政策措施。

6

协同与共治：黄河流域生态环境保护的长效机制建设

　　黄河流域涉及省份多、面积广，地势复杂，横跨多个不同的地貌单元，在全流域生态环境的保护机制上，必须建立联防、共治相结合的合作机制，才能有效保护整个流域生态环境。本章主要立足黄河流域生态环境保护存在的问题，以整体、全局的角度审视这一关系中国国运与发展的重大问题，探讨相关机制建设。

第一节　顶层设计与机制完善

　　黄河流域生态保护作为我国发展的重大战略，关系中华民族伟大复兴，任务的完成必须依靠相关省（自治区）、部门共同合作，需要在相关法律、制度等顶层设计基础上，加强跨区域协调和统筹，创新联防联治的生态保护机制，推动全流域的一体化保护和协同治理。

一、强化顶层设计

　　自党的十八大将生态文明建设纳入中国特色社会主义建设的长远布局以来，人与自然的和谐发展成为生态文明建设的根本标志。黄河是中华民族的母亲河，习近平总书记 2019 年在黄河流域生态保护和高质量发展座谈会上的讲话深刻阐明了黄河战略的重要地位和价值。黄河流域生态环境保护是高质量发展的基础和支撑，充分认识黄河流域生态环境现状与问题，强化顶层设计，是实现黄河战略，全面推进黄河流域经济与自然和谐共荣，实现我国生态文明建设目标的根本举措。

　　加强黄河流域生态环境保护，需要牢固坚持和贯彻"绿水青山就是金山银山"的生态理念，生态环境保护与经济高质量发展并非对立，而是相互促进、和谐共生的现代发展思维。保护是为了发展，发展才能实现更好的保护。因此，在顶层设计上，要遵循生态保护的系统性、整体性和基本规律，完善相关制度，引入市场机制,形成统一协调的生态保护综合管理体制。

一是法规制度的建设和完善。在法律层面上,《中华人民共和国长江保护法》已于 2021 年 3 月 1 日开始实施。相对于长江,黄河流域同样对国家发展具有极其重要的战略价值,黄河流域生态环境存在的问题甚至超过长江流域。水资源短缺却利用效率低下,部分地区生态系统退化,生态环境风险问题不仅在短期内直接影响区域经济发展,也极易引致长期性、扩散性和全局性的社会风险。解决这些问题与风险涉及政府、公民与企业法人不同主体的权利与责任,一般性的规划、管理办法等行政手段难以从根本上解决问题,需要通过严格的法律达到治本之效。因此,"黄河保护法"应在原有《中华人民共和国环境保护法》《中华人民共和国水污染防治法》等法律基础上,针对黄河流域存在的特殊性问题,遵循目标导向和问题导向,提出针对性更强的具体措施。

基于黄河流域生态环境保护存在的问题,涉及的法律性制度安排应包括:黄河流域生态环境保护目标、水资源管理制度、水资源污染防治制度、流域综合管理制度、流域生态风险防范制度等多个制度安排。此外,相关制度安排的落地和有效执行,不应是一般性的管理办法,而应是"黄河保护法"的重要内容,因此应在法律基础上进一步细化明确。不同于长江、淮河、太湖等流域水污染防治的管理条例或办法,在黄河流域水资源的污染防治制度上,应与黄河流域实际紧密结合,在污水处理、企业准入与禁入、农畜养殖等不同方面提出具体化、针对性更强的要求。

二是加快专门性黄河生态环境保护规划方案制订和推广进程。2017 年 7 月,环保部、国家发展和改革委员会和水利部联合印发《长江经济带生态环境保护规划》,标志着长江经济带发展顶层设计日趋完善。相对长江经济带,黄河流域生态环境问题同样重要,急需加快这一顶层设计进程。2019 年 12 月,生态环境部研究起草了《黄河生态环境保护总体方案》,正处于意见征求阶段。以习近平生态文明思想为指导,科学、务实地完善和加快这一专门性生态环境保护规划方案的进程,是黄河流域生态文明建设与经济高质量发展至关重要的基础。

黄河流域与长江及其他流域存在显著差异,黄河生态环境保护的重点和内容也有着较大差异。水土涵养与保持、水污染与水土流失治理、湿地修复和保护分别是黄河上、中、下游的保护重点,也即说明,在沿黄 9 省(自治区)的不同区域,保护重点各有不同,这成为黄河生态保护整体方案制订的难题。因此,在国家层面的黄河流域生态环境保护规划方案基础上,更为科学、具体和具有针对性的区域性生态保护规划方案不可或缺。这便要求沿黄各省份及其地市以国家层面的《黄河生态环境保护总体方案》为指引和导向,进行广泛、深入的实地调研,精准洞悉本区域黄河生态环境存在的问题和短板,编制区域性的黄河生态保护专项规划,与《黄河生态环境保护总体方案》共同构建形成完善、细致、可行的黄河生态环境保护规划体系。尤其是三江源、祁连山和甘南等重要水源涵养区,以生态保护与修复为核心的专门性规划更为紧急。

二、推动机制完善

2015 年 9 月,中共中央、国务院印发了《生态文明体制改革总体方案》,提出加快生态文明建设,建立系统、完善的生态文明制度体系。《生态文明体制改革总体方案》的出台为黄河流域生态保护综合管理体制的建立提供了顶层指导和凭依基石。要以整体性、可持续性为原则,以生态保护和生态质量提升为目标,全流域统筹协调,制定统一的规划和生态质量标准,在生态管理上,全流域统一监测、统一评价,统一和严格执法,构建统一、协调、高效的系统化综合管理体制。

一是应从全流域视角,分类施策,构建黄河生态治理与保护的制度体系。"黄河治理,重在保护,要在治理"。要在《黄河生态环境保护总体方案》的指导下,就黄河生态保护所涉及的水污染治理、生态保护和修复、水资源利用、湿地修复和保护等不同方面加以系统化、一体化、长期化设计,出台生态治理和保护的专项具体治理方案,形成黄河流域生态治理和保护的制度体系。具体来看,一是在上游水土涵养区,针对植被破坏、草原退化和荒漠化等问题,通过绿化、自然林保护、退耕还林以及生态移民等制度措施,以及严格的涵养区生态保护制度,限制污染产业进入,加强草地、湿地保护,防止土地退化;二是针对中游地区降水少、水资源紧张导致的生态难题,要在已有的退耕还林还草政策和制度基础上,完善生态恢复保护的补偿退出机制,通过相关政策设计,鼓励农民调整种植结构,压缩冬小麦种植规模,缓解春旱问题;三是针对下游湿地面积减少和功能退化问题,应在《全国湿地保护"十三五"实施规划》的基础上,通过湿地生态修复补偿制度,结合湿地生态人文环境建设,引导企业参与湿地生态修复和湿地面积工程建设,提升湿地生态系统功能。

二是形成全流域生态保护治理的政府间协同合作、分类考核机制。黄河流域是一个整体的有机生态系统,全流域的治理必然是跨区域、多部门的协同性工作,各省或区域的治理规划更多基于本区域存在的问题,区域间的分工、协作不足。因此,在方案或规划中,要设计相关制度安排,坚决打破区域协作的壁垒,协调上、中、下游不同省份、地区的政策、规划与具体行动。诸如水污染等生态问题具有极强的跨区域性,地方与区域性的生态治理难以真正有效,需要在统一的全局性战略规划设计下,形成跨区域的协同治理机制,构建协调沟通机制,通过省际间的地方会商研判机制,分解不同地方的治理重点和协同责任,建立标准相同、措施相辅、合作执法、监管统一的生态保护合作机制。另外,由于黄河全流域生态特征不同,治理与保护重点存在差异,在流域生态治理与保护的分工管理、协同合作过程中,要根据区域的生态特征差异,差异化分类分区域考核。如对上游地区以生态保护为主实行监管考核,中游地区以污染治理和水土保持为重点,下游地区应将湿地保护作为考核主要内容,激励与约束相结合,推动全流域生态治理和保护工作顺利开展。

三是构建完善统一的生态治理运行机制、激励机制和评估问责机制。黄河流域生态环境质量的全面提升,不仅需要强化保护,基于黄河生态存在问题的复杂性、长期性,更需要强化治理,保护与治理协同并进,才能不断促进黄河生态环境发生根本性优化。因此,需要建立完善的生态治理运行机制、评估激励机制和问责惩戒机制。在治理运行机制上，上中下游不同省市政府应相互沟通、协调，明确协同责任与治理任务，针对差异性任务创新和改革生态治理运行机制。应以生态环境绿色指标为治理导向和评估指针，研究和出台黄河流域生态治理的技术评价指标体系，为黄河生态治理的绩效评估、激励以及问责提供技术支撑和科学依据。在黄河生态治理的激励机制上，要在法律基础上，综合运用经济、行政手段，形成奖励先进、鞭策后进的激励体系；黄河全流域的生态治理，需要依靠包括政府、企业以及居民在内的所有相关主体共同努力，因此，通过价格、财税、金融等行政或市场手段，加大对生态治理的公共财政投入和补贴力度，引导企业、居民主动修复、治理和保护黄河生态环境。在评估问责上，要完善生态治理评估、跟踪和问责制度，对引发区域性、流域性的生态环境问题、事件要依法依规进行问责和处罚。

四是构建政产学研多主体、跨区域合作机制。黄河流域生态保护是一个长期、艰巨的历史性任务，绝非一朝一夕可以根治和解决，防洪、水土涵养、水沙调控、污染治理与湿地修复等多样化、复杂化的生态修复和保护任务存在于不同区域，涉及省份、主管部门和管理机构众多，需要构建一个政府、企业和研究机构共同参与的多主体、跨区域合作机制。

政府作为黄河生态环境保护的主导者和政策制定者、监督者，不仅需要制定规划和路径，也应制定相应的引导、激励性政策，鼓励政府与企业的资本合作，引导企业投入资本，共同致力于黄河流域生态修复和建设。如在水土保持和防护林建设等生态工程上，可以积极探索和利用政府购买、企业投标形式，由优质的环保企业建设和维护相关生态工程；以前期财政部分补贴、后期政府购买等形式鼓励企业开展荒漠、荒滩治理；探讨和尝试生态维护的政企合作机制，建设生态旅游、特色养殖、特色农业等项目，实现生态环境的根本性优化和改变。

另外，黄河生态环境保护作为一个系统化、动态化的战略性任务，需要广大科研工作者和相关研究机构以务实、求是的态度和工作方法，对黄河全流域生态环境现状、存在问题以及修复和治理展开科学研究,与政府、企业在资金、技术、治理等各方面展开合作。包括黄河全流域生态质量调查以及水污染、水土保持、水资源管理、湿地保护等各类专项调查研究,不仅为政府监督、调控和管理提供依据,同时也对黄河生态保护的相关法律法规、政府决策提供理论与经验支持。此外,鼓励政产学研多主体建立深度相互合作关系,政府出政策,企业出资金与人力,研究机构出技术和智力,各方协同,深度合作,实现资源互补,合力推进黄河生态环境优化。

第二节　黄河流域生态环境协同治理路径

黄河是中华民族的母亲河,但她"善淤、善决、善徙",使"安澜黄河"一直难以完全实现。受生产力水平、政权更迭以及人为因素影响,黄河治理虽广受重视,但屡治之下,问题屡出。一定程度上,中华民族的历史也可以称得上是一部"治黄史",也是中华民族的苦难史和奋斗史。黄河水利委员会统计,自公元前602年(东周)至1946年,仅有记载的黄河决口就有1 593次、改道26次,治理黄河也成为历届王朝最为重要的"国事"之一。新中国成立以后,中国共产党带领人民经过70多年艰辛奋斗,从被动治理到主动治理,不断探索和创新治黄方略,黄河决口再未出现,改变了黄河暴虐害民的历史。但是,实现黄河流域生态系统全面恢复和提升,让黄河成为中华民族真正的母亲河、幸福河,仍然需要加大生态保护和治理的力度。

黄河生态环境具有分布广、跨度大,地形地势复杂多样,生态系统极为脆弱的特征,存在极大的环境保护与治理难度。因此,黄河生态环境保护与治理应充分发挥和利用全社会不同主体力量,以协同理念指导生态环境保护和治理。基于这一思想,政府间协同,政府与市场、社会主体的协同,以及各主体之间的协同成为协同治理的基本路径。

一、政府间协同

一是加强中央政府与地方政府的协同。黄河生态环境的保护与治理,政府具有主导和核心地位,历史上不同朝代的黄河治理更是以政府为主,甚至是单独由政府施行,政府作用至关重要。政府体系包括中央政府、地方政府及其相关机构部门,它们之间的相互协同与合作质量、效率直接影响治理效果。在这一协同体系中,中央政府负责领导、指挥与决策,包括政策与规划的制定、监督与管理;地方政府负责贯彻落实中央政策,制订细化措施并具体执行操作。但由于地方政府与中央政府的目标往往是区域与全社会的差别,地方政府往往在自身利益最大化的追求下,与中央政府目标存在一定偏离,尤其是与环保有关的政策,不可避免地对地方经济利益带来一定影响,与地方政府的配合协作往往存在一些障碍。

对于黄河生态环境保护与治理的中央与地方政府协同而言,首先,必须确保中央政府的权威性和政策的统一性,地方政府应严格、认真执行和贯彻中央政府的治理政策与规划;其次,在保证统一性的前提下,兼顾不同省份、地区的流域差异特征,给予地方政府适当灵活运用的权利;最后,基于流域内不同地方间对水资源存在的竞争,应由中央政府以法规政策形式,对不同地方政府的职责、权利加以明确。此外,为激励地方政府积极修复和治理黄河流域生态环境,中央政府不仅要改变对地方官员以 GDP 为导向的考核和晋升机制,也应根据治理实际情况差异,通过中央政府财政补贴的形式对地方政府提供支持。

二是地方政府间的协同问题。由于包括水污染在内的环境问题具有典型的外部性,因此生态环境保护治理具有极强的跨区域性,需要地方政府部门间的协同合作。但从地方政府目标以及官员升迁考核的利益角度来看,GDP 导向下的经济目标和生态环境保护带来的治污成本与企业负担上升必然存在矛盾,如果相邻地区生态环境投入低,而本地区的生态治理投入高,不论是对方少投入带来的负外部性还是本地区高投入的正外部性,都将导致本地经济发展受到抑制,与官员自身升迁直接相关,因此也往往驱动地方政府决策的本位化和地方化。因此,跨区域的生态环境保护与治理往往陷入典型的囚徒两难困境,零和博弈的认识往往导致有的地方政府存在典型的本位主义,阻滞全流域生态环境改善。

由于黄河流域生态环境保护与治理涉及省份多,地方政府间的协同因而也极为困难。但是,全流域的生态环境保护与治理必须依赖于各省及其下属地市政府的协同,这种协同应是在中央政府的统一政策、规划下,建立起不同区域的协同机制,以务实、高效的合作提高协同度。在具体的治理过程中,一是要强化地方政府生态环境保护的属地责任和意识,以全流域一盘棋的思想理念要求各地方政府保持政策和行动一致;二是构建地方政府间的合作机制,要求不同地方政府应主动相互沟通,协同治理任务、目标、执行工作情况。

三是政府不同部门间的协同问题。在流域生态环境的保护与治理中,往往需要中央以及地方政府内的若干部门相互合作和协同。在政府部门中,最为直接相关的是生态环境部与地方政府部门的生态环境厅,但诸如自然资源部、农业农村部甚至民政部门也与生态环境的保护治理存在职能上的交叉。不同部门间也往往有着自身不同的行政目标和责任,工作内容和解决形式自然存在不同,面对环境保护问题带来的部门间协同,难免出现相互推诿责任和不配合、难统一的问题。

不同部门职能重叠、权责不清,必然直接影响黄河流域的生态环境保护与治理。因此,一是成立由中央政府牵头,相关各政府部门、地方政府共同参加的跨部门、跨区域的协同机构,解决信息在不同部门、省份的沟通不畅、效率低下问题,对流域内的生态治理相关项目建设、资源分配等重大问题统一协商,科学决策;二是要在中央政府的统一调度和指挥下,明确各部门的责、权、利,清晰划分各部门职能要求,避免职能工作相互交叉带来的推诿扯皮和管理不善;三是要求各职能部门具备整体观、大局观,以对国家和历史负责的精神与意识,以流域整体生态环境全面优化为目标,主动与其他相关部门沟通、协调。

二、政府与社会不同主体的协同

一是与流域居民的协同问题。"绿水青山就是金山银山"，生态环境质量与流域居民利益直接相关。生态环境的恶化最直接的就是对所在区域公民权益的损害，生活质量、发展环境的恶化不仅降低了百姓即期幸福感，更使其长远利益受损。生态环境污染、破坏往往具有极强的长久性、代际性和空间上的跨区域扩散性。生态破坏问题往往影响区域性的经济发展和居民健康，对整个生态系统和社会造成的间接危害虽然相对滞后但影响可能更大和更为长远，如水污染不仅使居民饮用水质量下降，甚至导致胎儿早产或畸形等重大人类健康问题。因此，近年来，广大社会公众的环保意识日趋增强，要求政府加强环境保护与生态治理的诉求不断上升。

文化程度低、环境保护意识薄弱的流域居民在利益驱使下，往往成为生态环境的破坏者。毁林造田、开荒种地、大量使用农药等不仅造成水土流失严重，也严重污染了水土环境。面对生态环境破坏，受制于技术、成本以及个体主动意愿，一般民众不可能采取环境保护和修复行为。长期以来，保护环境与生态修复被公众认为应该是政府的事，是政府公共服务的内容。[①] 因此，如何加强政府与流域居民的协同，提高流域居民生态环境保护意识，引导流域居民积极投身生态环境保护和修复，成为包括黄河流域在内的生态环境保护的重要内容。

黄河生态环境保护治理，政府规划、政策的落实以及治理效果与流域居民的支持密不可分，发挥群众的力量，强化二者协同，是生态环境保护与治理的关键。首先，政府要创新宣传教育方式，主动加强黄河生态环境保护的宣传教育，增强流域居民的环保意识、守法观念，积极投身于黄河生态保护与治理。其次，要积极引导居民参与，不断创新居民与政府的信息沟通渠道，积极向居民公众传递和沟通有关生态环境的相关信息，并通过不同渠道获取居民对环境保护与

---

① 王胜，洪哲君.舟山市渔农村水污染治理法律机制研究：以社会协同治理为视角[J].环境科学与管理，2015，40（1）：191-194.

治理、政府政策与规划、政府治理工作与行为等若干方面的建议和意见。最后，推进全民参与，共同治理和保护黄河生态环境。创新居民参与的黄河生态保护和治理模式，诸如省、市、县甚至到乡镇的居民志愿者队伍建设，生态保护文艺宣传队建设及下乡活动的开展，生态环保科学普及教育活动等，推动流域居民全民参与，在种植业污染、城乡垃圾与污水治理、植树造林、退耕还林等诸多方面发挥群众参与的力量。

二是与非政府组织的协同问题。与生态环境保护相关的非政府组织主要是环保非政府组织（NGO）等民间环保公益组织。从我国环保 NGO 发展的 20 多年历史来看，虽然数量众多，但大都规模相对较小且作用有限。从目前来看，受其公信力以及自身资源限制，我国环保 NGO 的工作更多是重理论、重宣传但轻实践，且由于 NGO 成员多为志愿者，环保行为更多取决于个人意愿及积极性，存在管理不规范、制度不完善且执行效率低下的问题。虽然，我国政府一直支持非政府组织参与环保行动，鼓励 NGO 组织参与政府关于环境保护与治理的法规制度建设，并对政府以及企业的环境保护行动、治理行为开展监督，但是受制于 NGO 资金、公信力以及人员、信息等资源限制，NGO 环保组织难以在实质层面与政府和其他主体展开协同。从目前与黄河流域环境保护与生态治理的 NGO 组织参与情况来看，与上述存在的问题基本相同，并且不存在专门针对黄河流域环境保护与生态治理的 NGO 组织，绝大多数 NGO 组织参与或服务范围往往具有多元和交叉的特征。

从国际上其他国家环境保护与生态治理的经验来看，民间环保公益组织具有重要作用，我国 NGO 组织作用尚未得到有效发挥，其原因大多是这些组织资源有限、与政府间的协同度不足。因此，一是要支持环保组织加强自身资源建设，如人力资源、物质资源与技术资源。目前，环保组织成员多由在校学生和志愿者构成，不仅规模小，并且在参与度、自身的技术和专业性上远不能满足需求，吸引更多经验丰富、专业知识与能力强的专家型、技术型成员，成为环保组织发挥作用的急切需求。单纯依赖 NGO 组织难以解决上述问题，各级政府应主动与环保组织沟通交流，互通有无，不仅在资金等物质资源上给予支持，而且通过设立财政性专项基金，在激励和引导更多优秀人才加入环保志愿者队伍的同时，对相关人员进行技术培训，提高志愿者技术水平。二是要畅通政府与NGO组织的桥梁，政府在支持NGO组织发展的同时，要给予其更多发展和运作空间，某些更为适合环保组织治理或介入的领域，可通过与这些组织协商，由其承接治理。同时，政府应积极创造优良的NGO发展环境，在保护其组织权益的同时，积极向社会宣传，提高环保组织在社会的影响力、认知度和社会公信力。

三、政府与企业市场主体的协同

一是政府与环保企业主体的协同。虽然政府在生态环境保护与治理体系中居于核心和主导地位，但受资金、技术、人员等诸多因素的制约，单纯依赖政府是不可能的，需要外部其他社会主体的介入和协同。在这些外部主体中，各类环保企业是最为重要的主体。环境保护与生态治理虽然具有公共物品性质，但并不意味着一定会导致市场失灵。但是，如果缺乏政府的监督、约束和引导，企业在利润最大化动机下，市场失灵现象则必然出现。因此二者的协同，不仅要加大对环保类企业的监督和约束，也需要为企业创造良好的政策环境，立足服务这一政府职能，推动企业赢利与生态改善双赢局面产生。

如何解决环保企业的资金困境也是政府与环保企业协同要重点解决的问题。在国家发展和改革委员会、自然资源部发布的《全国重要生态系统保护和修复重大工程总体规划（2021—2035年）》（以下简称《规划》）中，黄河流域将打造8个重点项目，占比最高，这无疑为相关环保企业在水处理、环境修复领域提供了巨大市场。由于环保行业资金需求量大、投资回报周期长，不论是中原环保、蒙草生态等上市公司还是民营环保企业可能都会存在不同程度的融资难问题，政策已经释放出巨大市场需求，但要考虑如何才能更好地改善融资环境，推进企业加大投入，协同治理黄河生态。

"黄河流域大保护"刺激环保与生态治理需求急剧增长，产业发力点已然呈现,为环保企业带来了极为巨大的市场机会。但逐利的资本涉足带有一定公共产品属性的生态保护与治理,短视下的局限性难以避免。因此,在黄河生态保护与治理进程中,既要避免政府失灵,也要防止市场失灵,政府与市场各负其责、各尽其职,才能达到相辅相成的协同效果。

对于政府而言,"全能型"既不现实也无必要,在定位上要明确自身的"服务者""监督者"和"激励者"身份。在黄河生态环境保护与治理的"服务者"定位下,政府应主动与环保企业构建共同协商、相互合作的政企关系,提供政策、信息等不同支持,赋予企业以更大的生态治理主动性。在"监督者"定位下,既要正视政府与企业在追求目标、运作模式上的差异,允许企业的自主经营活动,但又绝对不可充分信任,"大撒手"和"一托了之"的结果可想而知。因此,要不断加强政府对相关企业或具体治理项目的监督管理,不论是在治理合同的规范、具体项目的跟踪和监督还是通过环保部门与地方政府的联动管理,实现对重点治理工程项目的监督。同时,可借助第三方机构,经常性开展相关项目的专项检查或问题排查,有效监督和约束相关企业的治理行为,实现治理目标。在"激励者"定位下,政府应不断探索激励的手段和方式,借助价格、信贷、税收以及补贴等不同形式,调节企业利益,激励和约束企业行为。如对环保企业实行绿色补贴机制,采取绿色政府采购,不仅可以培育和扶植环保企业发展,也可更大程度地激励相关企业投入环境保护与治理。

对于相关环保企业而言,首先,应主动承担起自身保护生态、节约自然资源的环境责任,从传统的被管理者向生态环境治理的积极参与者转变,成为生态环境保护与治理的主力军。其次,要严格依据政府政策、规划开展环保治理,主动接受政府或第三方监管与考核。在明确项目治理内容、责任权利边界的前提下展开企业的生态治理活动。最后,要主动公开企业的项目进展情况,完整、客观的项目进度与治理信息公开,不仅有利于与政府的有效沟通和交流,也有利于政府或第三方的监督,共同促进治理目标完成。

二是政府与一般企业主体的协同。在生态恶化的诸多因素中,居民生活以

及生产带来的危害远不及"三高"类企业严重。部分企业以利润为导向，不主动
与政府协同保护环境，忽视甚至无视环保政府政策要求，对自然环境造成严重
损害；而部分地方政府则基于经济增长目标下的政绩考量，自身要求不严，漠视
企业行为对生态环境带来的损害，甚至与违法企业同流合污，寻租谋利，导致地
方生态环境被严重破坏。因此，约束、引导和监督各类企业生产经营活动，推进
企业的绿色生产、绿色经营，履行环保责任与义务，从法律、制度层面健全对违
法企业的惩戒和约束是政府的重要工作；对于相关企业而言，应主动与政府沟
通和协同，强化绿色、环保经营理念，积极落实和贯彻政府有关环境保护和生态
治理的文件和精神。

在二者的一般关系认识上，政府是环境保护与治理的施政方，企业是排污
等环境破坏的主要源头，因此二者是管理与被管理、监督与被监督的关系。在
这种关系认识下，利益的冲突如果难以通过沟通或其他渠道得到解决，那么二
者的关系紧张甚至扭曲则成为一种常态。因此，二者的协同应是在各自正确定
位下，政府从强势的控制者、管理者向服务者、监督者转变，企业从被管理者、被
监督者向主动的协作者、合作者转变。

与上述政府、环保企业间的协同方式类似，在与一般企业的协同上，政府同
样应站在服务者的角度，通过各类财政、信贷或价格杠杆政策、措施激励企业主
动采取环保型、绿色型企业经营行为，主动控制和降低环境污染，履行保护环境
的社会责任。当然，政府的监督者角色应始终坚守，企业行为的绿色化、环保化
往往带来企业经营成本的上升，逐利动机下企业主动降低排污等非规范行为的
动机不强，政府的定期或不定期检查将有助于确保企业合法生产和经营。

对于一般企业而言，应牢固树立"人与自然和谐共存""绿水青山就是金山
银山"的发展理念，摒弃"环保就是提升企业成本"的意识，主动承担环境保护的
责任和义务。企业要积极与政府沟通，接受政府或第三方机构的技术培训、环
保教育等。在具体的政府与企业协同的环境治理路径上，可探讨实行"环境行
政协议""环保约谈"等不同的治理路径。环境行政协议反映政府与企业为达到

环境治理目标,双方在沟通和协商的基础上,确立双方权利和义务;而为防止企业发生违法行为,政府也可基于科学预判的问题隐患,通过约谈形式引导和规范企业行为。当排污企业自身在技术、管理上难以达到治污环保要求时,可与政府协商或自主选择第三方企业,由专业的污染治理企业以更高效、更专业的形式帮助企业开展环保治理,从"谁污染,谁治理"向"谁污染,谁付费,专业治理"的新型环保治理模式转变。

第三节 黄河流域生态环境保护的长效机制建设

"生态兴则文明兴,生态衰则文明衰",习近平以绿色为基调的生态文明思想指出美丽中国建设必须坚持"两山"理论,黄河流域作为中华文明的重要构成,只有更好地保护黄河生态,才能更好地实现黄河生态文明。目前,黄河流域生态环境的保护与治理已经成为国家重大战略,在中央的统筹和领导下,相关政策、规划以及保护与治理的目标、设计正逐步完善,中央与地方协同、各省(自治区)间的协同保护与治理也在逐步推进,黄河流域生态保护和治理成效显著。而要进一步推动黄河流域生态环境保护与治理的长效化,保护与治理信息化、监测网络一体化以及财政、金融支持体系的建设不可或缺。信息系统的建设和完善是实现监测网络一体化的基础,财政与金融的协同支持则是实现黄河流域生态保护与治理长效机制的重要保障。

一、全流域生态治理的"智慧黄河"建设

保护与治理的前提是流域环境现状及其变化情况的掌握。信息化是黄河生态保护与治理的基础性工作,其涉及内容涵盖水资源及其利用、水土涵养与保持、防汛与护林等若干方面。推动"智慧黄河"建设,需要构建完善、齐全和真实可靠的生态保护公共信息平台,不断充实和完善信息内容,打造全流域的生

态环境大数据中心，为相关部门和省份的黄河保护与治理提供坚实依据，协同保护和治理黄河生态。

从目前黄河流域信息化和智慧黄河的建设情况来看，在黄河水利委员会的领导和主持下，以黄河治理为问题导向，初步构建了黄河治理的信息化系统，智慧黄河建设进程不断加快。在顶层设计上，2013 年，黄河水利委员会发布了《黄河水利信息化发展战略》；2015 年，发布《黄委信息化资源整合共享实施方案》；2016 年，黄河水利委员会部署和推出信息化的"六个一"①重点工作；2019 年，水利部印发了《智慧水利总体方案》。从实际工作来看，目前黄河水利委员会已经建成了先进的黄河水量管理调度信息化系统，包括"智慧黄河项目建议书""智慧黄河实施方案"在内的智慧黄河项目正快速推进，信息化建设不断提档升级，客观全面、可靠实用与智慧高效的黄河信息大系统正逐步形成。但是，由于信息化、智慧化建设投入大、周期长，不仅在相关信息的采集上受制于网络通信能力以及数据资源的存储计算能力的不足，在应用上也存在协同效应较弱，部分系统难以在短期内有效整合，条块化、碎片化的问题比较突出，信息共享机制尚未真正形成。同时，由于黄河生态保护与治理涉及的对象、组织多，历史积累下的问题复杂，因此现有信息化建设对黄河生态保护与治理的决策应用支持还存在不足。

推动黄河生态保护与治理的"智慧黄河"建设，需要运用新兴信息化技术，将云计算、大数据、人工智能在内的新一代信息技术与黄河生态保护与治理深度融合，以智慧化促进生态保护和治理的现代化、科学化。

首先，实现黄河生态保护与治理的信息收集与监测的网络一体化。生态保

---

① 黄河水利委员会"六个一"工作思路包括：初步建成黄河空间地理信息公共服务平台，提供"黄河一张图"；将河道地形、水沙关系、物理模型、规划计划等治黄业务和政务应用的历史和实时数据纳入黄河数据中心，建设"一个数据库"；建立统一的黄河综合信息服务门户，实现"一站式登录"；推进防汛、水调、水资源监控、工程建管、水土保持等业务系统和计划财务等政务系统的综合整合应用，形成"一目了然的监管系统"；"一竿子到底"，满足县级以上河务局宽带视频会商的要求；"一个单位来抓"，由信息中心行使黄委网络安全和信息化工作领导小组办公室（简称"网信办"）的职能，统筹黄河水利委员会信息化的综合管理工作。

护与治理的基础是相关信息的采集,要利用现代遥测、遥感技术,不断扩大黄河水文资源环境、水土流失、水利工程以及水利管理活动等的监测范围,实现生态环保与治理的监测网络一体化。一是对上游黄河重要水源涵养区以及中游地区的水土流失重点区域的雨水情况、土壤情况、植被覆盖情况的信息收集和动态监测;二是不断提高黄河信息智慧化、智能化水平,利用新兴信息技术、物联网技术,不断升级各类智能化传感设备、计量监测设备技术,提高对黄河水情、险情、水土流失、非法采砂、山洪滑坡、植被破坏等情况的智能化识别,实时监控和感知,提高全流域的信息预警能力。

其次,构建黄河生态保护与治理的智能化信息共享平台。在大量相关信息采集的基础上,充分利用大数据、云计算信息技术,不断扩展数据处理和挖掘,构建黄河生态保护与治理的数据资源库,共享相关信息数据,为黄河生态保护与治理提供智慧化预报和辅助。一是不断扩展和丰富黄河生态信息资源,形成黄河生态大数据云基础设施平台;二是在云端平台不断丰富、统筹和整合相关信息、数据的基础上,根据生态保护与治理的实际需要,运用数据抽取、转换等服务,根据水情险情、水土保持、植被覆盖等治理项目或流域省(自治区)等不同分类依据,形成不同实时、历史或综合性、分类性的多层次化数据库;三是实现数据资源管理、开发的协同和共享,在不断规范黄河生态保护与治理相关数据收集与建设的基础上,提高信息管理水平,完善数据更新维护机制,实现相关信息在不同行业、不同部门、不同省份的信息共享。

最后,实现黄河生态保护与治理智慧化协同应用。构建信息网络一体化与智能信息共享平台的目的在于应用,提高相关信息数据的智慧化协同应用是黄河生态保护与治理的关键与核心保障因素。在黄河生态动态监管上,以相关数据、影像等信息资源为支撑形成黄河流域水环境动态监测系统,不论是在"四乱"①问题或现象的监察与管理、水土保持与水情变化,还是在水质与径流变化,

---

① 是指影响黄河行洪安全和生态环境的"乱占、乱采、乱堆、乱建"四大突出问题。

发挥信息基础作用,提供在评价、预测和预警方面的信息支持。同时,完善相关标准规范,提升数据分析能力和协同水平。根据黄河生态保护与治理对智能化、信息化建设的需要,制订相关技术标准和评价体系,并不断完善系统运行和维护机制,明确不同机构的职责和权利,构建畅通的协同通道。

二、支持黄河生态保护与治理的生态金融体系构建

保护与治理黄河的脆弱生态环境,金融作用不可或缺,创新和完善金融体系,不仅与黄河生态保护息息相关,也是以绿色经济转型支持黄河流域高质量发展的重要保证。生态环境的保护与治理往往体现出更强的公共产品属性,完全依靠市场化机制无法实现企业利益与社会公共利益的和谐共生,需要倡导金融服务生态文明的价值理念,形成服务黄河生态保护与治理的生态金融组织体系,创新绿色金融产品,发展特色金融和普惠金融,服务黄河生态保护与治理的重点领域,构建支持黄河生态治理的生态金融体系。

（一）塑造生态文明观下的生态金融价值理念

黄河流域生态保护和高质量发展,关系中华民族伟大复兴,引导金融机构以及相关主体塑造以生态保护与治理为基本目标,服务流域生态与经济发展质量共同提升的生态金融价值理念,是金融支持黄河生态保护与治理的指导方针。生态金融理念应遵循服务国家战略与社会文明进步的基本原则。保护环境,需要金融部门提供资金支持,面对商业利益与社会利益、长远利益与短期利益、局部利益与全局利益的冲突,银行业等金融机构应树立国家战略和社会利益至上的理念。以黄河流域生态保护为例,历史已经证明,只有保护好黄河流域生态质量,才能奠定好沿黄9省份的经济基石,才能为金融机构自身的发展和成长奠定基础,也就是说,保护黄河就是保护自己。因此,对于包括银行业在内的所有金融机构来说,塑造生态文明观下的生态金融理念,既是落实和执行国家发展重大战略的要求,也是社会文明进步与实现自身社会价值的要求。这

需要金融机构以生态文明思想促进业务转型。

（二）完善服务黄河生态保护与治理的生态金融组织体系

黄河生态保护与治理范围广、任务重，涉及地区和行业多，需要的金融配套服务多、投入大且回报率低，传统商业金融模式难以有效达到目标。这需要不断优化金融供给侧改革，打造和完善"政府性金融+绿色金融+普惠金融"三位一体的生态金融组织体系，发挥不同金融组织自身优势，确保金融资源供给高效、持续，满足黄河生态治理体系中的不同需求。

首先，发挥政策性金融优势，服务黄河生态保护与治理。与商业银行、商业保险等其他商业性金融相比，政策性金融不论是在专业性还是在资金实力上，往往具有更强的优势，因此要充分发挥政策性金融在资金实力、专业性上的优势，突出其引导性、补充性和政策性的功能作用。如发挥国家开发银行在工程开发支持的专业优势和资金优势，在与生态保护与治理相关的基础设施、重点工程建设和改造上发挥积极作用；发挥农业发展银行的政策性金融优势，在退牧还草、湿地保护、特色农业、生态移民等方面提供资金支持。要充分利用政策性金融机构的银政合作优势，紧密了解和掌握中央和地方涉及黄河生态保护与治理的战略规划与工作部署，统筹谋划，以生态保护为前提，优化银行信贷资源在区域、部门的布局；同时利用自身资金规模、专业优势，重点面向黄河流域生态保护的融资难点、重点领域，与商业性金融、普惠性金融合作互补，共同促进黄河流域生态保护。

其次，不断推进服务黄河生态保护与治理的绿色金融组织体系完善。习近平总书记提出要"牢固树立保护生态环境就是保护生产力、改善生态环境就是发展生产力的理念"，构建服务黄河生态保护与治理的绿色金融组织体系，是有效支持黄河流域生态保护和高质量发展的基础。而发展绿色金融，首先需要健全和完善绿色金融组织。一是发展鼓励商业性金融机构的绿色转型。作为我国金融体系的主体构成，商业性金融机构以市场化原则开展商业性资金运作，盈利目标下的资金效率相对更高，但这并不意味着商业性原则同生态保护与治理的公共产品性质矛盾，不可调和。要通过财政引导、税收优惠等不同政策性措施，引导各类商业性金融机构投入生态保护与治理，向绿色金融转型，形成全国和地方性的股份制商业银行、民营银行、消费金融公司、融资担保公司等在内的商业性金融组织体系。二是推进绿色保险机构发展，加大政策支持，鼓励各类商业保险机构开展绿色保险，创新和发展包括森林、种植以及水资源、湿地等在内的各类农业保险品种。三是设立绿色专营支行。作为特色性支行，绿色专营支行的运行可探讨和尝试"政府+银行+社会"的合作模式，运营资本可由财政资金、社会资本以及商业银行三方提供，构成绿色信贷资源，产品的设计、定价、业务流程与风险管理由商业银行给予支持。

最后，构建和完善服务沿黄农牧产业发展的普惠金融组织体系。黄河生态环境问题与经济发展、居民收入具有直接关系，基于对生存、发展、高质量生活的追求的驱动，自然条件相对较差的沿黄地区居民与企业更为重视短期利益，忽视长期利益与生态保护，恶化当地生态环境。由此，改变传统生产、生活方式，由传统的农牧作业与产业形态向新型的绿色生产、生活形态转变，不仅有助于沿黄居民生活水平与收入提升，在促进经济增长与发展的同时，也促进了环境保护。但是，发展新型农牧等绿色经济业态，依赖于居民、企业积累以及民间借贷极不现实，必须不断创新普惠金融组织形式，因地、因人而宜，鼓励普惠金融组织的健全和完善。从普惠金融机构体系来看，除大型商业银行、股份制商业银行所设立的普惠金融部外，城市商业银行、农村商业银行、农村信用社、邮储银行、村镇银行以及农村资金互助社、新型民营银行甚至融资租赁、小贷、担保、流动式的农村金融服务车等都在普惠金融组织范畴之内。因此，构建和完善沿黄地区的普惠金融组织，无疑有助于当地小微企业与农民的生产与生活，在助力经济发展的同时，也有助于生态环境的保护。此外，不断夯实黄河流域的普惠金融基础设施体系。类似于村镇银行、农村资金互助社等新型普惠金融机构规模小、实力弱，在人员、技术、产品设计、风险防范、信用信息等方面存在较大不足，需要政府与社会提供支持，尤其是信用信息、技术等部分基础设施领域，政府的支持将直接关系这些组织的运营和发展。

（三）构建和完善服务黄河生态保护与治理的金融产品供给体系

保护生态与治理环境,金融是重要的推动力。服务黄河流域生态保护与治理的金融体系不仅需要健全和完善的组织体系,更需要类型丰富、价格合理、方便迅捷的产品供给。

首先,积极推动黄河流域相关金融机构开展绿色信贷业务,完善绿色信贷监管机制和激励机制。一方面,由于我国的绿色金融市场和相关制度建设起步晚,包括绿色信贷工具在内的金融产品及其服务仍然处于较低水平;另一方面,目前开展绿色信贷的金融机构的主动意愿不强,多为政府政策推动和任务驱动。因此,一方面,要鼓励黄河流域内的相关金融机构积极开展绿色信贷业务;另一方面,要构建和完善相关的监管与激励机制。在政策上,一方面,不仅要通过再贷款、专业化担保等措施优先支持商业银行开展绿色信贷,建立以绿色信贷理念为主的信贷业务体系,引导和鼓励商业银行等金融机构提供中长期信贷,支持黄河生态环境保护和治理;另一方面,建立绿色信贷风险管理框架,建立绿色信贷统计制度、定期报告制度和问责制度,实行动态评估与考核,将相关评价结果作为重要指标,形成绿色信贷业务的监管和激励机制。

其次,支持黄河流域生态保护与治理的绿色基金大力发展。目前,节能减排、生态治理、环境保护已经成为包括私募基金、创业投资等社会资本以及一些国际资本关注的热门投资领域,在黄河高质量发展战略下,生态保护与治理领域必然会成为各类社会资本和国际资本关注的重点。沿黄各级政府应积极推进包括PPP(政府和社会资本合作)模式在内的绿色基金和环保基金发展,如绿色产业投资基金、绿色产业并购基金、PPP环保产业基金等,支持包括黄河水环境治理、土壤治理、湿地保护、绿化环保、节能减排等生态项目。实现这一目标,需要政府在财政金融、市场准入、产品定价、土地等相关政策上细化支持措施,不断完善收益和风险共担机制,建立和完善绿色项目的风险补偿基金,完善绿色证券政策,扶持优质环保类企业上市,降低企业上市成本和相关费用,提高社会资本积极性,推动绿色基金发展。

最后,积极推进黄河流域生态保护相关的绿色债券与绿色证券化发展。自

2016 年以来,我国已经成为全球最大的绿色债券市场。① 绿色债券已经成为我国绿色金融体系的重要构成。绿色债券具有额度大、期限长的特点,这非常适合于黄河流域生态保护和治理的相关项目融资,因此,需要积极推进涉及黄河相关生态项目的绿色债券与资产证券化发展。一是积极鼓励商业银行发行绿色金融债,增加金融机构绿色信贷资金来源;二是出台专项财政激励政策,政府与地方市场化机构相互合作,以专业化担保和增信形式支持上市绿色企业或非上市绿色企业发行绿色债券;三是对部分优质绿色公司的资产证券化提供支持,在政策上给予适度优惠,降低绿色公司上市成本。

三、支持黄河生态保护与治理的绿色财税体系建设

生态环境保护与治理具有较强的公共产品性质,并且具有高投入和长期性、非竞争性以及受益的公共性和外部性特征,从世界各国的经验来看,财政支持以及税收政策在生态保护与治理中均具有重要的作用和地位。公共财政在市场失灵领域具有不可或缺的作用,这种作用包括"奖抑效应"、乘数效应与杠杆效应等。黄河生态保护与治理需要强力发挥财政税收的上述作用,直接的资金支持和间接引导社会资本的投入将有助于解决黄河生态保护与治理的资金困境。

"保护黄河是事关中华民族伟大复兴和永续发展的千秋大计",中央财政从2016 年起设立专项资金,推动对山水林田湖草的系统保护和修复,其中重点就遴选了黄河流域的陕西黄土高原、青海祁连山等黄河生态保护与治理工程,纳入了中央财政试点支持范围。在中央财政以及地方财政支持下,陕西省启动"黄土高原生态保护修复工程",河南省启动了"黄河流域'百千万'试点工程",四川省推出"财政林业防沙治沙项目""川西藏区生态保护与建设工程"并正在制定《黄河流域污染防治规划》,甘肃省制定了《黄河流域生态保护和高质量发

---

① 气候债券倡议组织统计,中国绿色债券在 2016 年迅速增长,符合国内和国际绿色定义的绿色债券从几乎为零增加到 2 380 亿元(约合 362 亿美元),占全球发行规模的 39%;Wind 资讯统计,2016 年中国债券市场上的贴标绿色债券发行规模达 2 052.31 亿元,包括 33 个发行主体发行的金融债、企业债、公司债、中期票据、国际机构债和资产支持证券等各类债券 53 只。

展污染防治专项规划》，其他沿黄各省（自治区）也均在中央和地方财政支持下，制定黄河生态保护与治理的规划，启动相关治理工程，已经取得了较为明显的效果。面对黄河生态保护与治理这样一项长期、艰巨的历史性任务，需要加大中央以及地方财政投入，严格监管财政资金使用，加强横向与纵向转移支付，建立科学合理的生态补偿机制，推进绿色税收改革，有效发挥税收杠杆和税收优惠政策的调控作用。

（一）持续增加专项生态建设财政资金投入，严格监管财政资金使用

稳定增长的财政投入是黄河生态保护与治理的根本和支撑。由于黄河流域跨度大、生态多样，环境问题复杂，各省（自治区）包括属地市县在流域的生态保护与治理内容上存在较大差异，应建立由中央财政以及省级财政统筹规划、地方财政专项建设相结合的生态建设财政投入机制。在黄河生态保护与治理上，涉及专项领域如水、大气以及土壤污染防治及其处理，山水林田湖草生态保护等。中央财政资金优先支持三江源、祁连山地区生态修复与保护以及生态移民扶贫后续产业支持等，地方财政积极争取中央财政以及省级财政支持，针对本区域生态保护与治理的核心重要领域开展专项建设。

在财政资金的使用管理上，一方面，要不断强化财政资金预算管理，以生态保护与治理项目为导向，加强财政资金使用的统筹谋划，避免资金的多头管理和分散使用，集中财政资金科学使用；另一方面，要强化监管，不论是中央还是地方，针对生态保护与治理项目出台监控制度，明晰绩效目标，并采取过程化管理以治理目标和执行进度双目标评价资金使用。在绩效考核上，以生态质量提升作为核心指标，采取"任务清单"财政资金管理模式，以奖代补，将资金投入与项目完成质量挂钩，实现财政环保资金的科学、高效使用。

（二）不断深化改革，构建财政引导下的多元化投入机制

在经济持续下行的国家减税降费政策下，各级财政收入持续放缓，而黄河生态保护治理投入大、周期长，治理任务艰巨，二者的矛盾问题日趋突出。因

此，必须以财政资金为引导，不断引导和激励社会资本投入，激发市场主体环保投融资积极性。在污水治理、垃圾及黑臭水体治理、湿地开发与保护、农村环境整治等领域，探讨市场投资、政府购买服务等不同模式，形成政府财政引导下的多元环保投资结构模式。

具体而言，一是充分利用政府专项债券政策，基于流域内不同区域环保治理需求和社会资金供给情况，适度扩大生态治理专项债券的发行；二是推广和规范黄河生态保护与治理的 PPP 项目，以政府组织、社会参与为基本原则，择优选择部分社会资本参与投资相关生态治理项目；三是发挥财政资金引导作用，发展绿色金融，通过绿色发展基金形式，吸引社保基金、保险资金以及其他社会资本，探索信托融资、项目融资、绿色债券等不同形式，引导社会资本进入。

（三）以市场化、多元化为方向，构建良性动态生态保护补偿机制

生态保护补偿机制体现了"谁保护谁受益"和"谁受益谁补偿"的原则，这一机制对调动生态保护者的积极性，实现各方共同保护生态环境具有重要作用。在《国务院办公厅关于健全生态保护补偿机制的意见》（国办发〔2016〕31号）和国家发展和改革委员会、自然资源部等 9 部门联合印发的《建立市场化、多元化生态保护补偿机制行动计划》（发改西部〔2018〕1960 号）等政策指导下，目前各省（自治区）都发布和出台了地方性的生态保护补偿机制方案。其中，沿黄各省（自治区）的生态保护补偿方案中不乏针对黄河生态保护与治理而提出的，补偿范围以及力度不断加大，有效激发了相关主体和个人的黄河生态保护积极性。但是，长期以来，生态保护补偿资金的财政单一来源不仅限制了补偿范围，标准也相对偏低，一定程度上抑制了保护者的积极性。因此，需要按照"谁受益谁补偿"的原则，构建以市场化、多元化为方向的良性动态生态补偿机制。

从黄河生态保护与治理实践来看，涉及沿黄地区的各类资源开发、污染物减排、水资源利用等多个方面。对于资源开发者来说，应在合理界定资源开发边界和总量前提下，开发者自身或委托专业第三方机构实施修复，对开发造成

的损失进行补偿,依法对占有自然资源及其生态空间实施补偿;在污染物减排方面,应建立黄河生态保护区的排污权交易制度,实现买方对卖方市场化的货币补偿;在水资源利用方面,通过水权的确权,引导黄河水资源的水权交易,实现黄河水资源的合理配置和高效利用。

(四)改革和完善绿色税收制度,加强对生态保护与治理的支持力度

在税收制度上,我国近年来不断改革和优化税收结构,出台不同的税收优惠政策,发挥税收的杠杆调节作用,支持我国环境保护与生态治理,取得了较好的效果和成绩,但仍然需要进一步改革和完善包括环境税在内的绿色税收制度,推进绿色税制改革。

一是需要及时开征生态环境税。生态环境税作为地方财政收入的重要构成,支持地方政府财政投入环境保护与生态治理,改变财政主要依赖于污染收费获取收入支持环境保护与治理,从费到税,强制力与权威性不同,稳定性与持续性也不同,需要借鉴国际经验,尽快开征生态环境税,为地方自然生态的保护与治理提供资金保障。

二是不断优化和完善资源税政策。在资源税的征税范围上适度拓宽,除传统的矿产资源、盐业资源等外,尤其针对水资源缺乏的现状开征水资源税,并结合包括黄河生态保护中森林、草场资源的保护需求,开征森林资源税和草场资源税。此外,对煤炭、石油、天然气等矿产资源税提高标准,不仅可适度节约资源,减少高污染和高排放,也有利于调控这些资源的开发和利用。

三是不断完善税收优惠政策。税收政策直接影响企业成本和收益,可有效引导纳税主体的经营行为。为鼓励各类企业或社会资本投资生态环境保护与治理,采取税收减免或税率折扣往往具有直接的刺激作用,因此,不断完善税收优惠政策是保护和治理生态环境的基本税收政策选择之一。如企业采用可再生资源作为生产资料、开发利用节能环保设备、开发绿色环保技术等,都可通过税收优惠形式予以鼓励。

下编

从『忧患河』变『幸福河』：促进全流域高质量发展

7

绿色与创新：
双轮驱动全流域产业高质量发展

黄河流域生态保护和高质量发展重大国家战略的顺利推行和实现，依赖于生态保护长效机制的建立和完善，也需要产业结构的不断优化和升级，二者互补共生。黄河流域各省（自治区）在当前依然存在内部经济发展水平差异大、产业结构不合理、创新驱动水平低等问题。本章基于全流域产业结构现状认识，剖析产业转型升级存在的问题，提出绿色、创新两大战略下的产业升级路径，以有效推动黄河流域经济高质量发展。

第一节　黄河全流域产业发展现状与问题

近年来，黄河流域的经济规模总量虽然不断增长，但产业层次与结构、创新能力和科技水平与高质量发展要求适配度低，在制约本区域经济高质量发展的同时，粗放式、高消耗的低层次增长模式与黄河流域绿色发展和生态黄河的建设要求存在难以调和的矛盾。面对黄河流域产业发展及其转型中存在的问题，以绿色和创新为导向，引导和激励相关产业推进转型和升级，是实现黄河流域高质量发展的基本路径。

一、黄河流域经济发展基本情况

（一）经济规模总量不断上升，增长速度相对全国水平仍有一定差距

自 2011 年以来，相关统计数据表明，虽然黄河流域 8 省（自治区）①的经济总量在近年大都呈现不断上升的趋势，但增速上除个别年度和个别省（自治区）外下降趋势较为明显（图 7.1），2011—2019 年，仅有陕西省的年度增速与全国增速平均持平，其余省（自治区）的增速均低于全国的平均水平。相应地，在GDP 规模上，黄河流域 8 省（自治区）占全国经济总量的比重也呈现下降趋势，

---

① 由于四川省已经纳入长江经济带国家战略，因此本研究的经济统计范围为四川省之外的其余 8 省份。

如图 7.2 所示,2011—2014 年,8 省(自治区)加总 GDP 规模每年占全国的 24%,但自 2015 年后,逐渐下滑,2018 年和 2019 年每年仅占全国的 20%。

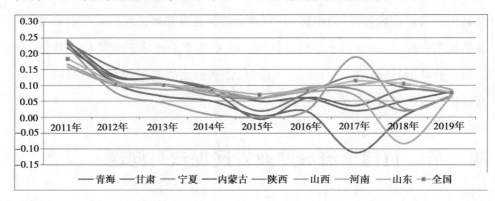

图 7.1　黄河流域 8 省(自治区)GDP 增速变化示意图(2011—2019)

数据来源:中国统计年鉴(2012—2020)

图 7.2　黄河流域 8 省(自治区)GDP 加总规模占全国比重变化示意图(2011—2019)

数据来源:中国统计年鉴(2012—2020)

从黄河流域 8 省(自治区)的工业增加值增速来看也呈现下降趋势,且大部分省(自治区)的年平均增速低于全国平均水平,有些省份(如山西)虽然在个别年度增速较高,但波动剧烈(图 7.3);在规模占比上,8 省(自治区)的工业增加值加总占比从 2010 年的 29% 下降为 2019 年的 21%,下滑趋势较为明显(图 7.4)。

从黄河流域各省(自治区)的财政收入的平均增速这一指标来看,与全国财政收入平均水平差别相对较小,但各省(自治区)的增速变化幅度相对较大(图7.5)。从规模占比来看(图7.6),可以较为明显地看出,黄河流域8省(自治区)的地方财政收入水平相对较低,虽然各年占比变化不大,但所占比重仅为10%左右,与8省(自治区)的经济地位并不相称。

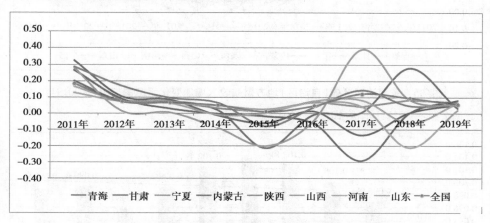

图7.3 黄河流域8省(自治区)工业增加值增速变化示意图(2011—2019)

数据来源:中国统计年鉴(2012—2020)

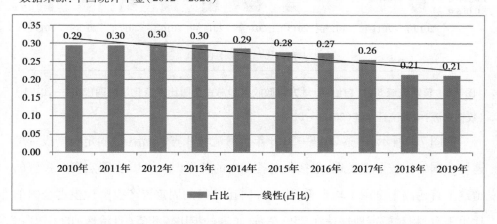

图7.4 黄河流域8省(自治区)工业增加值汇总占全国比重变化示意图(2011—2019)

数据来源:中国统计年鉴(2012—2020)

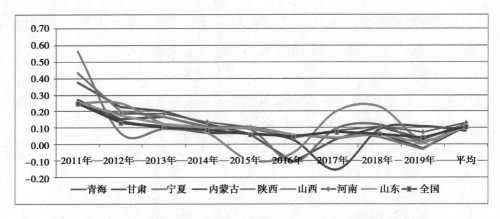

图 7.5　黄河流域 8 省（自治区）地方财政收入增速变化示意图（2011—2019）

数据来源：中国统计年鉴（2012—2020）

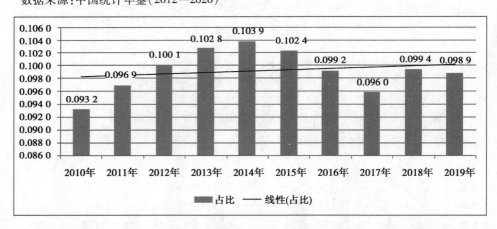

图 7.6　黄河流域 8 省（自治区）地方财政收入加总占全国比重变化示意图（2011—2019）

数据来源：中国统计年鉴（2012—2020）

　　如图 7.7 所示，考察 2011—2018 年黄河流域 8 省（自治区）固定资产投资增速与全国的比较可以发现，包括山东省在内的各省（自治区）在固定资产投资的增速上普遍高于全国平均水平；从 8 省（自治区）的固定资产投资规模占全国的比重来看，相对稳定地保持在 25% 左右；而进一步比较 8 省（自治区）的 GDP 占全国的比重可以发现，明显地低于固定资产投资比重（图 7.8）。

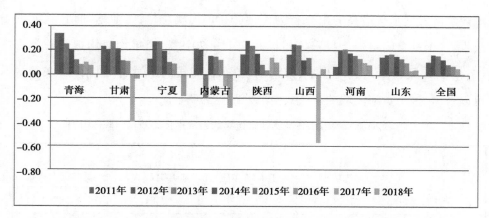

图 7.7 黄河流域 8 省（自治区）固定资产投资增速及与全国的比较示意图（2011—2018）

数据来源：中国统计年鉴（2012—2020）

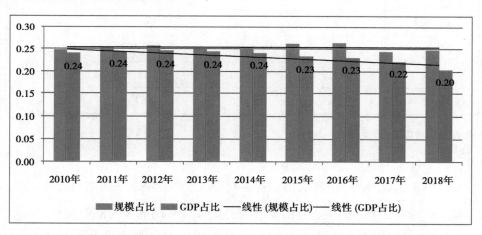

图 7.8 黄河流域 8 省（自治区）固定资产投资规模及 GDP 占全国比重

比较示意图（2010—2018）

数据来源：中国统计年鉴（2012—2020）

上述信息资料表明：相对于更大规模的固定资产投资，并未实现对等的 GDP 产出，也意味着黄河流域 8 省（自治区）的固定资产投资效率相对较低。

（二）流域内区域发展结构不均衡，东西不同省（自治区）差距明显

黄河流域横跨我国东、中、西部，受制于自然资源、区域环境、交通运输以及区域发展政策等的不同，流域内不同省（自治区）经济发展水平差异较大。以流域内经济发展水平最高的山东省为例,其 GDP 规模总量、工业增加值、地方财政收入、全社会固定资产投资等指标在 2011—2019 年的年均值均远超其他省(自治区),见表 7.1;进一步地,以河南、山东作为黄河下游省(自治区)来衡量可以看出,整个黄河流域的东、中、西部差距更为明显。

表 7.1　黄河流域内山东省与其他省份年均经济指标比较(2011—2019)

省份	比较指标			
	GDP 规模	工业增加值	地方财政收入	固定资产投资
河南	1.58	1.50	1.81	1.33
山西	4.46	4.35	2.97	4.35
陕西	3.28	3.19	2.77	2.38
内蒙古	3.64	3.58	2.93	3.44
宁夏	20.91	24.40	15.14	14.75
甘肃	8.91	12.04	7.55	6.68
青海	26.05	28.56	22.57	15.23

数据来源:中国统计年鉴(2012—2020)

在整个流域内,毫无疑问,山东省是流域内经济发展水平最高的省份,在各项经济指标上均为首位。这与山东省自身以及在全国的重要战略位置密不可分:山东省不仅是沿海省份,拥有天然的地理优势、资源和区位优势,还拥有两个国家级的战略规划区——黄河三角洲高效生态经济区和山东半岛蓝色经济区;拥有党的十九大后获批的首个区域性国家发展战略综合试验区——山东新旧动能转换综合试验区;同时,山东省还是环渤海经济圈、中原经济区、长三角一体化以及京津冀一体化 4 个国家级区域的交汇地带。而河南省则是我国的人口大省,是中原经济区的核心省份之一,全国重要的高新技术产业、现代服务业和先进制造业的基地。虽然山东省近年来自身存在工业结构偏重、创新活力不足等问题,河南省也存在技术创新能力较弱等问题,但这两个省份的经济指标仍远超流域内其他省（自治区）。

上述问题的存在，为黄河流域不同省（自治区）间的经济合作带来困难，但也成为一个互补的机会。从经济合作的角度来看，内部省（自治区）以煤炭等为代表的自然资源丰富，但工业产业结构单一，以山东、河南为主的下游地区经济发展水平更高、承接能力强，如何创新省（自治区）的协作、合作机制，实现各类要素的自由流动，在驱动经济发展的同时，推进流域环境改善是未来发展的方向。

（三）产业结构层次偏低，整体结构亟待优化

以 2019 年分地区按三次产业分法人单位数的占比情况（图 7.9）为例，全国第一产业法人单位数占全部的比例为 6.5%，而黄河流域 8 省（自治区）的均值为 12.89%；全国第三产业法人单位数占全部的比例为 73.47%，黄河流域 8 省（自治区）的均值为 71.81%；在第二产业中，除山东省的占比高于全国平均水平外，其他各省（自治区）均低于全国平均水平。

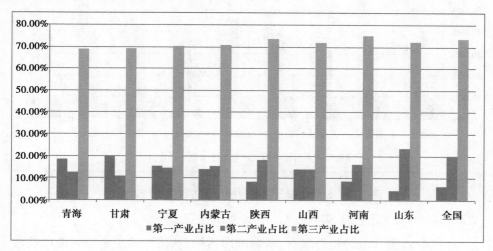

图 7.9　分地区按三次产业分法人单位数占比情况（2019）

数据来源：《中国统计年鉴（2020）》

以 2019 年分地区三次产业增加值的占比情况（图 7.10）进一步说明，黄河流域第一产业的增加值占比为 8.6%，全国平均水平为 7.11%；第二产业中，黄河流域为 40.92%，全国平均水平为 38.97%；第三产业中，黄河流域为 50.47%，全

国平均水平为 53.92%。

　　长期以来,黄河流域各省(自治区)主要以第一产业的种植业和第二产业的煤炭开采为主,以服务业为代表的第三产业在近年虽然发展较快,但与全国或长江流域相比,仍然存在结构上偏工业的特征,层次偏低,存在较大的产业转型升级空间。以上数据说明,直至 2019 年,除山东省外,其余各省(自治区)第一产业的法人单位数占比均高于全国平均水平,但该产业的增加值却相对偏低。以山西省为例,该省第一产业法人单位数占比为 14.06%,但产业增加值占比仅为 4.84%。这在一定程度上表明,黄河流域各省(自治区)第一产业的投入产出效率较低,产业技术含量低,仍然未能摆脱靠天吃饭的传统农业特征。在第三产业增加值占比上,即使本流域内最为发达的山东省,第三产业增加值占比也仅为 52.96%,未能达到全国平均水平的 53.92%。

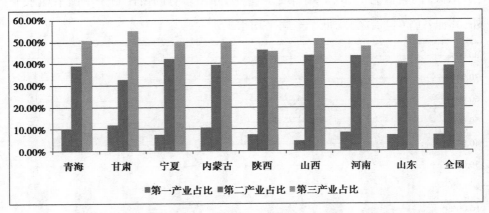

图 7.10　分地区按三次产业增加值占比情况(2019)

数据来源:《中国统计年鉴(2020)》

　　从产业转型升级的趋势来看,从低端向高端,从传统的要素投入型增长向以创新驱动为代表的全要素生产率拉动型转变,充分利用现代信息技术,促进产业向智能化、信息化和数字化发展,是我国未来经济高质量发展的基石。比较黄河流域各省(自治区)的经济发展以及其内在的驱动力,可以发现,距离我国经济高质量发展的要求存在较大的差距。

二、黄河流域产业转型升级存在的主要问题

实现黄河经济高质量发展,产业转型升级是核心支撑。黄河流域是我国的传统农产品主产区,煤炭、石油、天然气资源丰富,是我国重要的农业、能源、化工、原材料基地。受资源要素制约,黄河流域一直以来以第一产业和第二产业中的低端产业为主,相对长江经济带,流域内的产业转型升级基础差、压力大、任务重。基于经济高质量发展和产业转型升级的需求分析,我们认为,黄河流域的产业转型升级主要面临创新水平与创新活力低,创新的核心支撑要素不足,生态环境受压大以及经济绿色化水平低等问题。

（一）创新水平及创新活力低，创新的核心支撑要素不足

科技是第一生产力,经济转型和产业转型需要科技创新的引领。目前,我国已经形成了北京、上海和粤港澳三大科创中心,成为三大核心创新支柱,分别辐射京津冀、长三角和珠三角,虽然黄河流域与北京这一核心科技创新中心地理位置相近,但从各省(自治区)的创新能力来看,近年来并未显著提高。中国区域创新能力评价报告(2019)的数据表明,在"区域创新能力"这一综合指标的排名中,黄河流域9省(自治区)只有山东进入前10名,且仅位于第5位,内蒙古、山西、甘肃、青海、宁夏等省(自治区)位于后10名(图7.11)。

在该报告中,不论是知识创造综合指标中的知识创造能力、知识获取能力、知识创新能力还是创新环境、创新绩效等分指标,除山东省外,黄河流域各省(自治区)在全国的排名位置同样居后;在创新实力这一重要指标中,全国排名后10名中有内蒙古、山西、甘肃、青海、宁夏5个省(自治区);在政府研发投入这一指标上,这5个省(自治区)同样处于后10名。

从另外一个重要的创新指标——"区域综合科技创新水平"的评价结果来看,黄河流域9省(自治区)无一位于综合科技水平高于全国平均水平的一类地区,其中陕西、山东、四川、河南、山西、宁夏和甘肃位于第二类,低于全国平均水

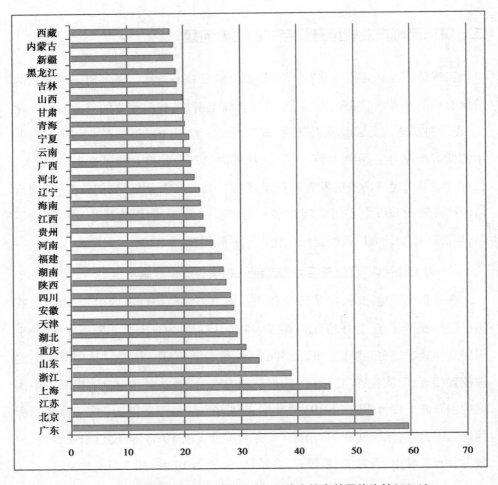

图 7.11　我国各省（自治区、直辖市）创新能力综合效用值比较（2019）

资料来源:中国科技发展战略研究小组,中国科学院大学中国创新创业管理研究中心.中国区域创新能力评价报告 2019[M].北京:科学技术文献出版社,2019.

平,而内蒙古、青海则位于第三类(图 7.12)。

　　上述两个指标的排名可以较为清晰地表明,黄河流域整体上在创新能力和水平上相对较低,在很大程度上成为制约经济发展新旧动能转换和经济转型、产业转型的重要因素。

　　进一步地,从支撑科技创新能力和水平的核心要素因素——研发投入来看

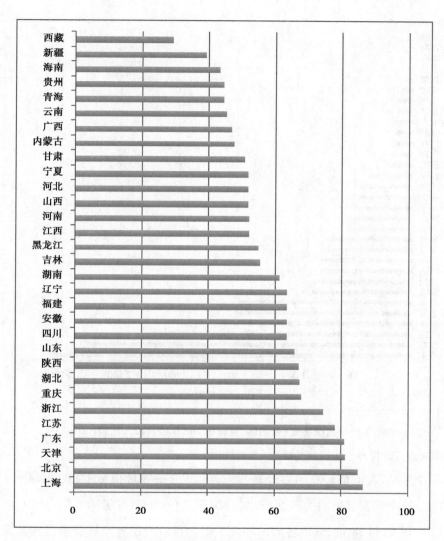

图 7.12 我国各省（自治区、直辖市）综合科技创新水平指数比较（2019）

资料来源：中国科学技术发展战略研究院.中国区域科技创新评价报告（2019）［M］.

北京：科学技术文献出版社,2019.

（图 7.13），在黄河流域 9 省（自治区）中,山东居第 6 位,四川和河南分别居第 8
位和第 9 位,其他各省份基本居于 15 位之后。而且从绝对数值上来看,流域内
不同省（自治区）差距较大,山东省达到 1 494.7 亿元,而青海仅有 20.6 亿元,前

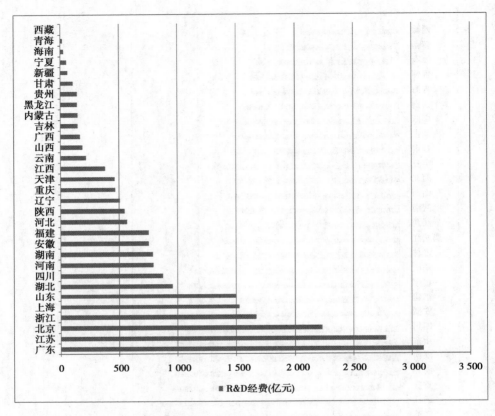

图 7.13　我国各省(自治区、直辖市)R&D 经费投入比较(2019)

资料来源:《2019 年全国科技经费投入统计公报》

者是后者的 72.56 倍。在研发经费投入强度①这一衡量指标上(图 7.14),9 省(自治区)中位置靠前的为陕西省,居全国第 7 位,山东省居第 8 位,四川、河南分别居 14 位和 18 位,其他各省份均处于更为靠后的位置。从研发投入总量来看,基于四川省更多被归入长江经济带的事实,其他 8 个省份 2019 年的研发总投入为 3 360.6亿元,仅占全国研发总投入总量的 15.18%。对比长江经济带拥有的上海张江、杭州、江苏苏南、武汉东湖、长株潭、重庆、成都等 7 个国家自主创新示范区,黄河流域仅有甘肃兰白、河南郑洛新、山东半岛这 3 个国家自主创

---

① R&D(研究与开发)经费投入强度,即 R&D 经费支出占 GDP 的比例,是国际上用于衡量一国或一个地区在科技创新方面努力程度的重要指标。

新示范区,差距较为明显。

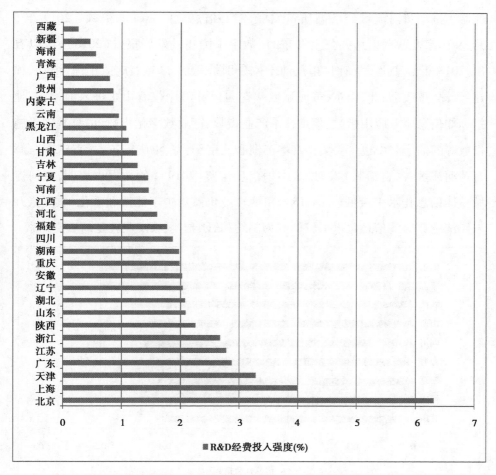

图 7.14　我国各省(自治区、直辖市)R&D 经费投入强度比较(2019)

资料来源:《2019 年全国科技经费投入统计公报》

　　从 R&D 经费投入强度这一衡量不同地区在科技创新方面努力程度的指标来看,全国平均水平为 2.23%,在黄河流域 9 省(自治区)中,超过这一平均水平的仅有陕西省一个省份,包括山东在内的其他省(自治区)均在平均水平以下,其中青海为 0.79%,内蒙古为 0.86%,远低于全国平均水平。

　　当前,我国已经进入信息化时代,信息化不仅是支撑技术创新的重要因素,也是区域经济和产业转型的引擎和动力,是我国新型工业化、现代产业化的加速器。推动黄河流域经济高质量发展,需要信息化的驱动和引领。2019 年 5 月,从国家互联网信息办公室发布的《数字中国建设发展报告(2018)》可以看出,2018 年信息化发展评价指数前十位分别是北京、广东、江苏、上海、浙江、福建、天津、重庆、湖北、山东,黄河流域 9 省(自治区)中仅有山东进入前十;其他指标如信息服务应用指数、信息技术产业指数、产业数字化指数、信息基础设施指数等的前十名中也主要集中在粤苏浙和北京、上海、重庆等各省(直辖市),鲜有黄河流域省(自治区)入列。《中国信息年鉴(2019)》的数据也表明,黄河流域整体信息化水平较低(图 7.15),重要产业仍然集中于能源和重化工、煤炭开采和洗选业等。信息化水平较低成为制约和影响本区域产业转型的重要因素。

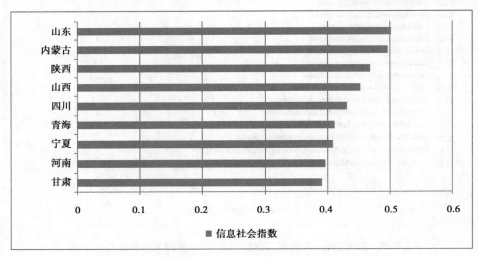

图 7.15　黄河流域 9 省(自治区)信息社会指数(2018)

资料来源:《中国信息年鉴(2019)》

(二)生态环境受压大,产业发展的生态约束攀升

如上文所述,一方面,黄河流域历来是我国的能源、重化工等基础工业聚焦的地区,尤其是中上游地区,富集包括煤炭、石油、天然气等能源类资源,各种有

色金属矿产资源。有数据表明,黄河流域地区拥有全国一半以上的煤炭储量,[①]近1/3的天然气和石油,近45%的铅,丰富的矿产资源成为能源、化工、有色金属和冶金等产业发展的良好基础,也成为黄河流域中上游各省(自治区)经济发展的重要支撑。另一方面,黄河流域长期以来面临极为严重的生态环境问题,脆弱的生态环境正成为制约黄河流域各省(自治区)持续发展的瓶颈。与长江、珠江等不同,黄河虽然是我国第二大河,但由于其处于温带季风气候区和西北干旱区,年650亿立方米的径流量,仅为全国的2.2%,是长江的6.7%、珠江的19.3%,其径流量在我国各大河流中仅居第7位,位居黑龙江、雅鲁藏布江、澜沧江和怒江之后,却承担了全国近15%的耕地,12%的人口。

水资源的严重匮乏与用水需求间存在着巨大矛盾。长期以来,农业、能源、化工等各类产业的快速发展造成黄河流域用水高度紧张,以能源和重化工为代表的采掘、洗选又是高耗水项目,黄河流域地区已经不再具备对应的水资源承载能力,负荷过大不仅造成严重的生态问题,也限制了本地区产业发展的未来空间。以农业为例,农业用水比重占整个流域供水量的60%以上,近年来,一方面由于气候变暖及对地表水的过度利用导致黄河径流量不断下降,另一方面对水资源的需求日趋上升。如图7.16所示,整个流域人类用水占地表总径流量的比例从20世纪50年代的不足20%上升到近年的85%以上,已经远超40%的健康河流警戒线。严重的水资源缺乏与经济增长的需求叠加,进一步加重了黄河流域生态环境的恶化,形成了"经济增长—环境恶化—成本上升—增长受阻—破坏环境"的经济与环境保护的恶性循环。

如何平衡发展与环保的矛盾,习近平总书记提出了"黄河流域生态保护和高质量发展"的国家战略,为解决黄河流域经济发展与生态保护指明了方向。从黄河流域发展在中华民族伟大复兴的战略角度来看,未来黄河流域的生态保护与治理将是高质量发展的支撑和基础,包括水环境在内的生态环境保护与治

---

① 习近平.在黄河流域生态保护和高质量发展座谈会上的讲话[J].求是,2019(20):4-11.

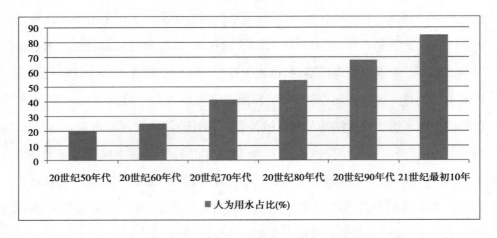

图 7.16　20 世纪 50 年代以来黄河流域人为用水占比情况

理将日趋严格,成为黄河流域产业发展的刚性约束。

（三）产业结构重化工特征明显，绿色化水平低

推动黄河流域生态保护与经济高质量发展,产业升级是关键。如前文所述,黄河流域各省(自治区)多位于我国中西部,与长三角、珠三角地区比较,矿产资源丰富是黄河流域的优势和基本特征,区域经济发展更多依赖于煤炭开采和洗选业、石油和天然气开采业、有色金属冶炼等资源能源产业和重化工业,如图 7.17 所示。有数据表明,黄河流域资源开采及其加工业的比重高于全国平均水平 9.17 个百分点,[①]传统企业数量多、比重大,成为黄河流域生态环境恶化的主要因素。近 20 年以来,在中央政策约束和激励下,经过几轮污染整治,大量高耗能、高排放企业关停并转,对黄河的污染情况大为好转,部分新兴产业、绿色产业逐渐发展,黄河流域生态环境逐步改良。但是,相对于其他地区,黄河流域的产业结构整体上依然是重化工、资源依赖型,传统企业存量大、转型难,绿色产业、新能源、新材料以及信息产业等新兴产业在黄河流域各省(自治区)仍然处于起步阶段。

---

① 苗长虹,赵建吉.强化黄河流域高质量发展的产业和城市支撑[N].河南日报,2020-01-15(11).

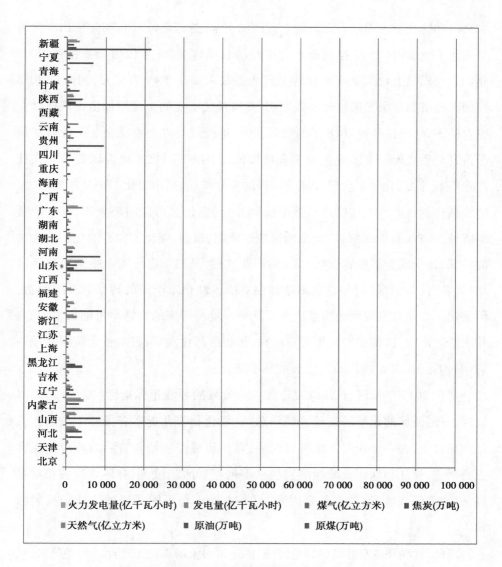

图 7.17　中国分地区主要能源产品产量统计（2020.01—2020.10）

数据来源：《中国经济景气月报 2020 年 11 月》

以能源化工工业为例，在 2019 年，陕西省能源化工产业总产值突破 1 万亿元，实现增加值约 5 610 亿元，占工业增加值比重的 53.7%，占全省 GDP 约 20%；山西省化工行业工业在 2017 年的总产值占全省 GDP 比重达到 17.5%，煤炭开采和洗选业占山西省分行业总资产的49%、总营业收入的38%①;山东作为全国化工大省,自1992年起山东化工经济总量连续28年位居全国榜首,2018年该省规模以上化工企业实现的主营业务收入就达3.49万亿元;河南省2018年国民经济和社会发展统计公报表明,其高耗能工业的工业增加值占规模以上工业的34.6%;甘肃省2018年的数据表明,单纯规模以上石化企业工业增加值已占其全省规模以上工业企业工业增加值的34.93%,化工成为该省第一支柱产业②;在宁夏,化学工业已经成为该区的主导产业,其中煤化工更是投资最大、增长最快的行业。上述信息虽然略显碎片化,但仍然可以清晰表明,在整个黄河流域,各省(自治区)的产业结构呈现以能源、采掘、煤化工和石油化工等为主的特征,甚至成为某些省(自治区)的产业支柱,虽然一定程度上带动当地经济增长,各省(自治区)近年也在不断加强对能源和化工产业的转型和升级改造,但重化工产业自身发展的特点决定了其对环境所带来的损害不可能根本消除。壮大新兴产业,扶植和发展化工新材料、新能源产业发展,将是整个黄河流域各省(自治区)未来经济高质量发展的基本路径。

对比2017年黄河、长江以及珠江三大流域的环境超标指标(图7.18)可以发现,黄河流域的化学需氧量、氨氮、总磷、氟化物等几近所有指标上均远超长江和珠江,这在一定程度上也可以说明,黄河流域经济增长背后对环境的损害更为严重,长江和珠江流域经济发展水平远超黄河流域,但对环境损害相对更轻,一方面是气候、地理等重要因素,另一方面也与不同区域的产业结构紧密相关。

因此,发展环境友好型的绿色经济,推进黄河流域重化工产业的转型升级,从而优化本区域产业结构,是实现生态环境保护与经济高质量发展的根本选择。

---

① Wind资讯。
② 仇国贤.甘肃:化工成为全省第一支柱[N].中国化工报,2019-06-20(2).

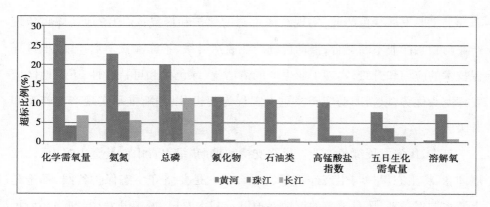

图 7.18 黄河、长江和珠江三大流域环境超标指标情况 (2017)

数据来源:《中国环境年鉴(2018)》

三、黄河流域产业转型及结构优化基本思路

黄河流域生态保护和高质量发展战略关系中华民族伟大复兴与长治久安,产业兴则经济兴、生态兴则文明兴,生态保护与经济的高质量发展互为倚重,不可偏废。缘于气候、地理位置的影响,加之改革开放以来偏重经济增长的路径倾向,黄河流域各省(自治区)以能源化工产业为代表的资源消耗型模式,呈现出高投入、高排放和高污染的基本特征,在实现一定经济增长的同时,严重损害了黄河流域生态环境,成为黄河流域高质量发展的生态瓶颈。面向未来,实现黄河流域的高质量、可持续发展,应改变传统的粗放型增长模式,以绿色、创新发展为基本原则,提升产业层次、优化产业结构,大力支持绿色产业、创新型产业的发展,实现生态优良基础的经济高质量发展。

（一）发展绿色产业，着力优化黄河流域产业结构和空间布局

黄河流域跨度大、区域差异性强,上、中、下游的产业结构和布局差异化极为明显,在黄河生态保护和高质量发展大战略下,应根据不同区域自身资源特征,优先发展绿色产业,优化产业布局。上游地区是整个流域的水源地,应以水土涵养保护、森林绿化、水土保持为重点,不断加强上游地区的源头治理,产业

布局上主要发展绿色产业，实现黄河生态的保护和修复；在中游地区应将传统产业与新兴产业不断融合，推动传统产业改造升级，不断淘汰落后产能，推进环保技术的应用和升级，实现工业生产的清洁化、绿色化和可持续性；下游地区应发挥龙头优势，以新旧动能转换重大工程为契机，以创新推动实现产业转型和升级。

首先，优先发展绿色产业。始终支持和贯彻"绿水青山就是金山银山"的发展理念，将生态保护与生态经济紧密融合。一是要坚守生态保护红线，不论是上游水源保护地，还是下游的湿地保护以及基本农田、城镇开发，要守住环境承载的安全底线，提升黄河流域的环境承载水平；二是优先发展绿色产业，通过绿色政策和制度激励和约束产业发展，打造资源节约、清洁生产、低碳循环且富有区域特色的绿色产业体系。

其次，以产业转型升级优化产业结构。黄河流域各省（自治区）产业结构以资源型和能源化工为主，不仅存在大量产能过剩的情况，而且基础性、低端性和高投入、高消耗、高排放与生态保护相悖，也不符合经济高质量发展的诉求，迫切需要转型和升级改造。一方面，对于部分高耗能、高污染的企业要坚决关停并转；另一方面，要大力推动部分传统企业的技术升级换代，不仅是改造环保设备，更重要的是引入新技术、新工艺，更为彻底地减少资源和能源浪费以及对环境的污染。

最后，发展新兴产业，优化产业布局。相对传统产业，新兴产业部门对资源、能源的消耗水平低，对自然生态环境损伤小，技术性强、附加值高，因此，近年来，信息技术、新能源、新材料、生物工程、高端装备制造等新兴战略产业已经成为我国经济发展的重要引擎。立足新时代，适应黄河流域生态保护和高质量发展的新要求，流域内各省（自治区）应结合本省（自治区）优势，制订新兴产业发展战略。进一步地，伴随各省（自治区）新兴产业的发展，全流域的产业布局也将更为合理。

（二）激发创新活力，促进黄河流域发展的新旧动能转换

党的十九大报告指出，创新是引领经济发展的第一动力。针对黄河流域整体上创新活力和创新资源要素相对不足的问题，激发创新活力，以区域创新协同构建全流域的创新体系，实现全流域发展动能的新旧转换，才能真正实现黄河流域的高质量发展。

首先，以区域创新协同构建全流域创新体系。由于黄河流域跨越我国东、中、西部，分属不同经济区域，与长江经济带各省（直辖市）以长江为纽带构建了沿江的经济发展轴不同。由于黄河水量小、含沙量大，在历史上黄河的航运价值就不高，而东西铁路的"三横"干线不论是京包线还是陇海线和南部的"贵昆—湘黔—浙赣—沪杭"线对沿黄各省的影响较弱，从而使黄河流域各省、市间的联系相对较弱，在科技创新领域体现的则是区域的协作和分工较少，各省（自治区）政府间有关创新的协同机制未能有效建立。因此，构建黄河流域的区域创新协同体系，完善协同合作机制，建立参与度、协同度高的"政产学研金服管用"一体的创新体系，则是推进全流域创新发展的基础。

其次，改革和完善科技资金投入机制，增大创新驱动的资金支持。创新是黄河流域高质量发展的第一动力，只有依靠科技创新才能真正解决黄河流域产业转型升级和经济发展动能新旧转换的问题，但是任何技术创新都离不开资金投入，往往具有高风险、高收益和超前性的特征。一项技术从研发到中试再到生产和产业化，最终进入市场，会经历若干不同阶段，每个阶段往往都有不同的资金需求和风险。创新财政与金融的协同机制，引导社会资本的创新投入，增大科技资金投入力度，是各省（自治区）当前所要重点面对的问题。但是，由于各省（自治区）自身财政实力与金融基础差异较大，在具体的政策与路径设计上需要因地制宜，选择适合自身的支持模式。

最后，优化科技人才环境，加大科技人才引进和培养力度。相对于资金投入，科技人才对技术创新的重要性则更为突出。不论是国家之间还是企业之间的竞争，表现为技术和产品的竞争，但归根结底是背后人才实力的竞争。人才

是知识和技术的载体和起源地,没有科技人才的支撑,技术创新无从谈起。对于黄河流域各省(自治区)而言,普遍存在人才困境,区域社会经济发展急需大量的科技人才,但因经济因素、地理因素以及其他因素的影响,却普遍留不住、招不来,人才"孔雀东南飞"的现象在改革开放以来就成为制约某些西部省份发展的关键问题,即使地处东部沿海的山东省,科技人才流失也同样存在。因此,优化科技人才环境,创建良好的人才培养和管理体系,加大科技人才的培养和引进,确保留得下、招得来,需要各地区在人才政策上不断创新,完善相关机制。

第二节　绿色优先,构建黄河流域现代化产业体系

黄河流域高质量发展的根基在生态保护与治理,以绿色发展引领产业布局是黄河流域高质量发展的方向和基本路径。黄河自西向东,跨越9省(自治区)和三大阶梯,区域间差异化明显,实现绿色发展导向下的产业布局,需要打破行政壁垒,因地制宜,错位发展,促进全流域经济一体化和绿色化。

一、打破行政壁垒,形成一线多核空间布局

黄河自西向东分别连接了青藏高原、黄土高原、汾渭平原以及华北平原,横跨三大阶梯、九大省(自治区),上游的水源涵养区被誉为"中华水塔",中下游则在历史上是炎黄部族的主要活动地,可谓中华文明的根与魂。由于自然环境变化以及人类活动影响,整个黄河流域生态环境日渐脆弱,如何平衡生态与发展的关系,成为关系中华民族长远发展的重大问题。习近平总书记高瞻远瞩,提出黄河流域生态保护和高质量发展战略,从中华民族伟大复兴的高度对黄河流域的生态与发展提出了战略性构想。这一战略和思想鲜明地指出,黄河流域的生态保护和高质量发展应是全流域、一体化,全流域一盘棋的整体和全局观念应该是黄河战略实施的基本原则。

　　从黄河自西向东沿河一线，考察不同省（自治区）、不同地域的经济和产业发展，水平与质量、产业类型等诸多层面均体现出明显的差异，打造类似长江经济带的黄河经济带，需要打破区域间的行政壁垒，实现人才、资金等各类生产要素资源配置的市场化，以要素配置效率的提高驱动要素利用效率的提升，推动全流域产业布局的合理化、市场化，从而带动全流域经济高质量发展。

　　目前，黄河流域自西向东，已经分别形成兰西城市群、宁夏沿黄城市群、关中城市群、呼包鄂榆城市群、太原城市群、中原城市群以及山东半岛城市群七大城市群，占全国 20 个城市群的 1/3 强，但从经济规模和经济地位来看，除山东半岛城市群经济规模稍大外，其他城市群不仅距离长江三角洲城市群、珠江三角洲城市群和京津冀城市群这样的世界级城市群有较大差距，与长江中游城市群、成渝城市群也有不小的差距。整个黄河流域为大"几"字形，如一条波浪线串联起不同城市，沿黄 8 省（自治区）（四川省除外）各省省会除西安和太原分别临近黄河第一、二大支流渭河和汾河而与黄河干流相对较远外，其他省会城市几乎均在黄河干流沿岸，这些省会一级的中心城市不仅是政治、文化中心，而且也都是各省（自治区）的经济中心和产业集群中心。近年来，各中心城市不断强化自身的辐射带动作用，通过提高自身的经济、人口承载能力，引领都市圈、城市群的一体化发展，实现集约发展。如郑州、西安的国家中心城市作用，济南、青岛在山东半岛城市群的龙头作用。2018 年 2 月，国务院批复并同意《呼包鄂榆城市群发展规划》，同年 3 月，《兰州—西宁城市群发展规划》被批复同意，意味着黄河一线的中心城市和城市群空间布局已经基本定调，形成了"一线多核"的空间布局。

　　进一步，我们可以看到，不论是山东半岛城市群、中原城市群，还是关中平原城市群、呼包鄂榆城市群和兰州—西宁城市群，均有各自的中心城市，如郑州、西安、济南、太原等，在黄河流域的高质量发展以及产业布局中，这些中心城市至关重要，而且这些中心城市辐射周边若干中小城市，形成不同的产业群。

其中,例如兰州—西宁城市群则立足成渝城市群以及长江经济带连接欧亚大陆的桥梁,发展特色产业,加强生态保护和环境治理,维护黄河上游地区生态安全;中原城市群以郑州为中心,目标是发展壮大制造业和战略新兴产业,加快发展现代服务业,成为具有全球影响力的物流中心和商贸中心;呼包鄂榆城市群则定位为全国高端能源化工基地、向北向西开放的战略支点和西北地区生态文明合作共建区;关中平原城市群则定位于全国重要的先进制造业、战略性新兴产业和现代服务业基地、以军民融合为特色的国家创新高地,能够辐射带动西北及周边地区发展;太原城市群则定位于资源型经济转型示范区,全国重要的能源、原材料、煤化工、装备制造业基地;山东半岛城市群则定位于京津冀和长三角重点联动区、国家蓝色经济示范区、高效生态经济区和环渤海地区重要增长极。

从目前来看,黄河流域七大城市群至少在形式上已基本成形,也均有各自不同的战略规划和产业发展定位,但是各城市群如何共谋发展、加强合作则是未来实现全流域高质量发展需要解决的核心问题。这一问题的解决,依靠各城市群间主动合作几近不可能,需要中央从顶层上加以设计,打破行政壁垒,放松行政设置对区域经济协作的制约,通过区域间协调机制的建立,结合不同城市群的社会经济定位,加强城市群间合作,尤其是通过大数据、云计算以及物联网等新兴信息技术的运用,将要素链、价值链和创新链相连通,形成不同产业链在不同城市群间的互补、联动发展。

二、因地制宜、绿色优先,构建绿色化现代产业体系

立足长远,着眼未来,黄河流域的高质量发展应是生态保护与经济发展的和谐共生,以生态保护促进经济发展的新动能,经济发展成果反哺生态保护,二者应是辩证的统一。由于黄河流域独特的地理、生态特点,实现上述这一目标不应走其他地区的路子,实践也已经证明流域经济与其他经济有着极大的差

别,这种差别要求流域经济应以水资源的保护与利用为核心,以可持续发展为目标,重视产业的绿色化。我们认为,黄河流域高质量发展应以绿色现代产业体系建设为目标,因地制宜,发展生态化、绿色化的现代农业、现代制造业和现代服务业。

（一）因地制宜，大力推进现代农业发展

黄河流域是我国传统的农业产区,农业发展不仅关系流域内农民的生存与生活质量,也是区域经济发展的基础和保障,但是传统农业对生态环境的损害不仅导致农业生产活动本身发展受阻,也破坏了整个地区的发展环境。因此,改变传统的农业发展模式,大力推进绿色化方向下的现代农业是包括黄河流域在内的流域经济发展的基本路径之一。

从黄河流域的农业产业布局来看,上游的河套地区、关中平原以及下游河南、山东境内的平原地区,历来是优质的农牧业生产基地,应因地制宜,基于不同地区的资源环境、区位优势,发展符合区域特点的特色种植、养殖、种业或生态林业等。应逐步引导农民从传统的种植业走出来,将传统农业与其他产业相结合,如经济果木种植与乡村旅游结合,打造各类农业特色村、特色镇;在水资源相对缺乏的干旱地区,应引导农民种植抗旱、节水效果更好的优质杂粮、中药材、牧草以及其他农产品,调整和丰富农业产业、产品结构;在具体作业上,通过"控肥、控药、控水、控膜"等节水、绿色化要求,以财政补贴等政策引导农民使用有机肥、生物农药等,以绿色化、节水化农业生产代替传统农业生产模式;延伸农业产业链,增加农业产业附加值,大力培育当地绿色有机的种植业、养殖业、畜牧业或湿地旅游等主导产业,引入资本或龙头企业,形成以龙头企业为核心的特色产业链;同时,大力培育和发展包括产权交易、农业物联网、职业农民培训、农业科技交流等涉农服务业,为黄河流域的农业生态化、绿色化提供资金、技术和人才支撑。

（二）强化环保约束，积极发展现代制造业

长期以来的增长导向或偏好驱动地方政府更为重视经济的量化指标，对经济发展质量以及增长产生的生态环境问题有所忽视，当然这也是中国转型经济过程中具有一定普遍性的问题。但是，由于黄河流域生态环境脆弱的突出特征，包括前文所述农业在内的产业转型成为新时代的核心要求。以制造业、采掘业等为代表的工业产业对经济增长至关重要，但同时又往往是污染大户，因此强化环保约束，推动制造业的绿色化转型是黄河战略的重要构成。

第一，发展现代制造业，必须提高产业的发展门槛，应针对黄河流域水资源紧张、生态脆弱的问题，出台具体的管控要求和措施，实施严格的负面清单管理制度，严厉禁止上马一些高耗水、排污严重、产能过剩的产业或项目，明列需要限制、禁止和淘汰的产业清单。

第二，强化环保约束，推进现有的采掘、洗选、冶炼加工等各类高排放、高污染和高耗水的产业或企业、项目绿色化转型。一方面，这些产业是经济发展的重要支撑，与国家能源安全紧密相关；另一方面，环保技术相对落后，不利于生态保护。因此，要强化环保约束，通过政策、法规和具体文件推进企业积极应用先进技术改造提升，促进传统产业的快速转型。

第三，大力推动战略性新兴产业发展，包括新能源、新材料、电子信息、新型装备制造等在内的新兴产业具有清洁无污染、附加值高的优势，也是我国现代化产业发展的方向和体系构成，新兴产业的快速发展无疑对推动黄河流域的产业结构优化以及生态保护具有重要作用。

第四，基于不同省（自治区）的主导产业，大力延伸特色产业链，构建体系化产业结构，实现产业的高端化、产品的差异化和生产的集约化，提升产业核心竞争力。

第五，重点支持和构建多能源利用基地建设，针对黄河流域中上游作为我国重要的能源基地这一现实，在对传统的煤化工等能源产业升级改造的同时，

积极开发包括风能、氢能、太阳能等在内的新能源开发，与转型发展的传统能源共同支撑我国的能源供给体系。

（三）立足新旧动能转换，全力推进黄河流域现代服务业发展

从世界上其他国家的经济发展史来看，发达国家在产业结构的变化上大多经历了从"一二三"到"二一三""二三一"再到"三二一"的发展过程，服务业比重随经济发展水平不断提高，不仅在国民经济中占比高且对经济增长的拉动作用随之提升。当前，在我国国民经济体系构成中，第三产业的比重不断提高，地位不断增强，与上述的发展规律基本吻合。如前文所述，相对我国其他地区，黄河流域各省（自治区）在第三产业也即服务业的发展水平和质量偏低。推进黄河流域经济的高质量发展，必须全力推进全流域的服务业快速发展，实现本区域的新旧动能转换。

首先，大力发展以金融业为代表的生产性服务业。金融保险、人力资源、科技服务、电子商务、物流运输等生产性服务业是实体经济发展的基础、保障和支撑，应不断引进和设立包括银行在内的各类金融机构，鼓励金融机构通过不同服务形式支持中小微企业、生态保护以及绿色经济等的发展，大力发展创业投资，加大对高技术产业、战略新兴产业的金融支持；适应黄河流域生态保护和高质量发展的要求，在人才评价、考核和激励机制上加以创新，引进、培养适应产业转型和绿色发展的国内外优秀人才，奠定支持高质量发展的人才队伍支持体系；科学技术是产业转型和新动能形成的根本，应不断提升全流域技术创新水平，提高企业自主创新能力，尤其是与重化工产业转型和生态保护相关的清洁生产技术、水土保持技术、循环利用技术、新能源与新材料技术等，应在政策上通过补贴、绿色产权交易等加大技术创新和应用；应在宏观上加强统筹和规划，鼓励不同省（自治区）设立、引进或联合组建国家或地方的创新平台，实现技术的共享和开放。此外，电子商务与物流运输作为现代服务业的重要构成，是其他产业实现现代化发展的重要支撑，也是生产性服务业发展的重点内容。

其次,加快黄河文化资源的开发和利用,大力发展以旅游休闲、文化创意、商贸流通等为代表的现代服务业。黄河既有壮丽秀美、波澜壮阔的自然景观,也有厚重长远、引人入胜的历史文化,是大自然给予人类的自然财富和人文宝藏,以黄河文化资源为核心,结合不同省(自治区)的交通规划与城市建设,以乡村振兴战略为契机,打造富有黄河特色文化的旅游业,并带动相关的商贸、餐饮、农特产品经营,培育康养健身、文化体育等生活性服务业不断发展。

第三节 创新驱动,推动黄河全流域产业转型升级

长期以来,黄河流域各省(自治区)一直是我国重要的能源和化工基地,尤其是黄河的中上游地区,包括石油、煤炭、天然气以及各类有色金属在内的矿产资源丰富,为我国国民经济发展提供了重要的能源、化工原材料支持,在整个经济体系中占有极其重要的地位。但是,在量的增长偏好政策下,粗放式增长模式导致资源、能源消耗大、高污染和高排放现象严重,恶化生态环境质量的同时,依赖于高投入的增长模式并未带来效率的提高,创新能力相对较低,严重抑制了经济的高质量发展。贯彻高质量发展的理念,必须推进全流域产业结构转型、升级,创新驱动产业发展动能转换,实现黄河流域的绿色、高质量发展。

一、黄河流域创新基础薄弱,创新产出水平较低

与长江经济带相比,黄河流域经济模式偏"重"的色彩更为明显,在长期的发展历程中,呈现出传统产业占比大,产业发展能耗高、污染重、绿色化水平低的问题,生态环境风险隐患突出,制约了本地区经济和人民生活质量水平的提高。在黄河流域生态保护和高质量发展战略的指引下,加大创新支持力度,以信息化推进传统产业技术水平提升,实现产业发展绿色化,使黄河流域传统产业重新焕发生机与活力,成为整个黄河流域经济高质量发展的引擎。

从与创新能力相关的若干指标分析来看，黄河流域整体上与长三角地区以及珠三角地区有较大距离。我们借鉴和选取中国科学技术发展战略研究院对中国区域科技创新能力的部分监测数据，可以较为清晰地看到，不论是从创新的基础性指标，诸如科技从业人数、孵化器个数以及研发经费支出，还是在创新的产出上都明显处于劣势。

（一）黄河流域各省（自治区）创新资源比较分析

如表 7.2 所示，在涉及创新的基础性指标上，不论是从业人数还是科技企业的孵化器个数，黄河流域各省（自治区）中只有山东省与苏、浙、粤三省的水平差距较小，其他各省（自治区）尤其是青海、宁夏和内蒙古等省（自治区）明显有着较大的差距。在国家级科技企业孵化器数上，苏、浙、粤三省的数据分别为 179，68 和 109，而黄河 8 省（自治区）（四川省除外）最高的山东省为 84，相关不大，其他各省（自治区）中最高的为河南 36 个，最低的宁夏回族自治区仅有 4 个，其他指标也大致呈现相似。

从表 7.3 涉及创新的研发经费这一关键性指标以及地方财政科技支出情况可以看出，不论是 R&D 经费的内部支出还是地方财政科技支出，黄河流域各省（自治区）包括山东省在内均存在较大差距。以地方财政科技支出占地方财政支出比重这一代表地方政府对科技创新的支持力度的重要指标来看，黄河流域8 省（自治区）中这一比值最高的为山东省，占比为 2.11%，但苏、浙、粤三省分别为 4.03，4.03 和 5.48，在万人 R&D 人员全时当量指标上也呈现相同的情况。这些监测数据清晰地显示出，在科技创新的投入力度上，黄河流域各省（自治区）相对不足，制约了本省（自治区）科技创新能力水平的提高。

表 7.2　黄河流域各省（自治区）创新基础性指标（人员与孵化器）与苏、浙、粤三省比较（2018）

省份	国家大学科技园管理机构从业人数（人）	火炬计划特色产业从业人数（人）	国家级示范生产促进中心人数（人）	科技企业孵化器数（个）	国家级科技企业孵化器数（个）
山西	22	42 176	308	44	12
内蒙古	21	48 396	119	40	10
山东	102	1 615 384	258	303	84
河南	66	253 960	283	148	36
陕西	87	148 807	511	85	31
甘肃	60	21 976	162	84	8
青海	14	0	58	11	5
宁夏	14	16 970	74	17	4
江苏	289	3 066 571	660	610	175
浙江	103	1 203 460	490	235	68
广东	38	2 297 643	1 056	754	109

资料来源：中华人民共和国科学技术部.中国区域创新能力监测报告 2019［M］.北京：科学技术文献出

版社,2019.（以下同）

表 7.3　黄河流域创新基础性指标（研发经费与地方财政支持）与苏、浙、粤三省比较（2018）

省份	研发经费内部支出（亿元）	R&D 经费支出与地区生产总值（GDP）比重（%）	地方财政科技支出（亿元）	地方财政科技支出占地方财政支出比重（%）	万人 R&D 人员全时当量（人·年/万人）
山西	148.23	0.99	50.25	1.34	12.88
内蒙古	132.33	0.82	33.67	0.74	13.06
山东	1 753.01	2.41	195.77	2.11	30.46

续表

省份	研发经费 内部支出 （亿元）	R&D 经费支 出与地区生产 总值（GDP） 比重（%）	地方财政 科技支出 （亿元）	地方财政科技 支出占地方 财政支出 比重（%）	万人 R&D 人员全时当量 （人·年/万人）
河南	582.05	1.29	137.94	1.68	17.00
陕西	460.94	2.10	79.34	1.64	25.60
甘肃	88.41	1.15	25.93	0.78	9.04
青海	17.91	0.68	11.94	0.78	9.46
宁夏	38.94	1.13	25.55	1.86	14.46
江苏	2 260.06	2.63	428.01	4.03	69.74
浙江	1 266.34	2.45	303.50	4.03	70.37
广东	2 343.63	2.61	823.89	5.48	50.61

从企业层面的 R&D 经费投入、科技人员比重、研发机构情况来看，见表7.4—表7.6，不论是整体层面的企业还是高技术企业，且不论是经费的投入力度还是 R&D 人员的投入情况，黄河流域各省（自治区）均距离更为发达的苏、浙、粤三省差距较大。由于黄河流域传统产业占比相对更高，有着更为强烈的技术改造和升级需求，因此，在技术改造费用支出上应占比更高。从数据可以看出，近年来，诸如宁夏、甘肃、山西等省（自治区）在此项要比苏、浙、粤三省更高，这反映出各省（自治区）已经开始重视通过技术升级和改造，提升产业技术水平，推进传统产业转型升级力度不断增强的趋势日渐明显。

表 7.4　黄河流域企业层面创新投入（企业 R&D 经费支出）与苏、浙、粤三省比较（2018）

省份	企业 R&D 经费内部支出（亿元）	企业 R&D 经费支出占 R&D 经费支出比重（%）	企业 R&D 经费支出占主营业务收入比重	企业技术改造经费支出（亿元）	企业技术改造和获取经费支出占主营收入比重（%）
山西	112.23	75.71	0.63	52.74	0.33
内蒙古	108.26	81.81	0.77	24.83	0.22
山东	1 563.68	89.20	1.11	257.73	0.22
河南	472.25	81.14	0.59	105.34	0.14
陕西	196.37	42.60	0.85	45.61	0.22
甘肃	46.69	52.81	0.55	37.57	0.45
青海	8.33	46.49	0.40	5.74	0.37
宁夏	29.11	74.76	0.72	31.86	0.81
江苏	1 833.88	81.14	1.23	469.66	0.35
浙江	1 030.14	81.35	1.57	185.53	0.32
广东	1 865.03	79.58	1.39	314.12	0.34

表 7.5　黄河流域高技术企业创新投入（企业 R&D 经费支出、人员）与苏、浙、粤三省比较（2018）

省份	高技术企业研发经费内部支出（亿元）	高技术产业技术改造经费支出（亿元）	高技术产业技术改造和获取经费支出占主营收入比重（%）	高技术产业新产品研发经费支出（亿元）	高技术产业 R&D 人员数（人/年）	高技术产业 R&D 人员占就业人员比重（%）
山西	11.22	22 566.10	0.25	9.67	5 741	12.04
内蒙古	8.49	3 877.20	0.10	6.04	892	2.70
山东	250.62	409 408.80	0.47	262.64	51 057	16.75

续表

省份	高技术企业研发经费内部支出（亿元）	高技术产业技术改造经费支出（亿元）	高技术产业技术改造和获取经费支出占主营收入比重(%)	高技术产业新产品研发经费支出（亿元）	高技术产业R&D人员数（人/年）	高技术产业R&D人员占就业人员比重(%)
河南	75.84	52 248.40	0.09	61.01	19 676	12.11
陕西	84.01	159 368.20	0.70	92.42	20 779	21.16
甘肃	5.08	553.00	0.16	5.73	1 442	6.08
青海	1.78	475.00	0.05	1.91	299	5.29
宁夏	5.44	18 283.90	1.04	2.48	1 184	12.01
江苏	416.14	865 552.50	0.32	585.73	112 019	20.00
浙江	232.93	207 508.10	0.41	254.73	71 347	19.92
广东	983.78	987 945.00	0.44	1 536.65	200 057	35.39

表 7.6　黄河流域企业层面创新投入（企业人员与研发机构）与苏、浙、粤三省比较（2018）

省份	企业 R&D 人员占就业人员比重(%)	有 R&D 活动的企业数（个）	有 R&D 活动的企业占工业企业比重(%)	有研发机构的企业数（个）	有研发机构的企业占工业企业比重(%)
山西	0.17	468	12.20	364	9.49
内蒙古	0.16	345	12.32	119	4.25
山东	0.36	8 920	23.38	3 802	9.97
河南	0.18	3 526	16.01	1 788	8.12
陕西	0.22	1 180	18.82	448	7.14
甘肃	0.06	397	20.84	153	8.03
青海	0.06	57	10.02	33	5.80

续表

省份	企业 R&D 人员占就业 人员比重(%)	有 R&D 活动 的企业数 (个)	有 R&D 活动 的企业占工业 企业比重(%)	有研发机构 的企业数(个)	有研发机构 的企业占 工业企业比重(%)
宁夏	0.17	255	20.85	167	13.65
江苏	0.96	19 323	42.55	19 514	42.97
浙江	0.88	15 517	38.84	10 315	25.37
广东	0.72	16 793	35.58	17 494	37.06

（二）黄河流域各省（自治区）创新产出比较分析

与创新投入相对不足对应,在创新产出指标上,见表7.7和表7.8,黄河流域各省（自治区）在发明专利、实用新型专利、外观设计专利以及万人发明专利的授权数和拥有数等若干指标上与苏、浙、粤三省差距较大。通过万人发明专利授权数这一指标看,苏、浙、粤三省分别为5.17,5.08和4.10,而黄河8省（自治区）中最高的陕西省只有2.29,山东省作为东部经济大省,虽然 GDP 排名全国第三,但这一指标也仅为1.91,有着明显的差距。而在万人发明专利拥有量这一指标上,各省（自治区）与苏、浙、粤三省的差距则更为明显,三省的数据分别为22.41,19.44 和18.67,而黄河流域8省（自治区）中最高的陕西省为8.80,山东省为7.45,均显示出了明显的差距。

表 7.7 黄河流域创新产业(授权专利)与苏、浙、粤三省比较(2018)

省份	发明专利 授权数(件)	实用新型专利 授权数(件)	外观设计专利 授权数(件)	万人发明 专利授权数 (件/万人)
山西	2 382	7 730	1 199	0.64
内蒙古	848	4 453	970	0.34
山东	19 090	67 005	14 427	1.91

续表

省份	发明专利授权数（件）	实用新型专利授权数（件）	外观设计专利授权数（件）	万人发明专利授权数（件/万人）
河南	7 914	35 822	11 671	0.83
陕西	8 774	17 003	8 777	2.29
甘肃	1 340	6 637	1 695	0.51
青海	240	1 079	261	0.40
宁夏	657	3 345	242	0.96
江苏	41 518	126 482	59 187	5.17
浙江	28 742	114 311	70 752	5.08
广东	45 740	169 017	117 895	4.10

表 7.8　黄河流域创新产业（拥有专利）与苏、浙、粤三省比较（2018）

省份	发明专利拥有量（件）	实用新型专利拥有量（件）	外观设计专利拥有量（件）	万人发明专利拥有量（件/万人）
山西	11 675	28 663	4 510	3.15
内蒙古	4 505	15 592	3 749	1.78
山东	74 590	227 491	49 270	7.45
河南	28 615	115 789	30 594	2.99
陕西	33 752	61 747	24 399	8.80
甘肃	6 045	18 066	4 111	2.30
青海	1 182	3 072	853	1.98
宁夏	2 216	7 361	711	3.25

续表

省份	发明专利拥有量(件)	实用新型专利拥有量(件)	外观设计专利拥有量(件)	万人发明专利拥有量(件/万人)
江苏	179 963	473 244	156 172	22.41
浙江	109 952	437 039	238 199	19.44
广东	208 502	574 463	382 712	18.67

虽然选取了苏、浙、粤这3个在全国经济较为发达的省份与青海、宁夏、甘肃、内蒙古等相对落后的省(自治区)加以比较存在些许不合理之处,事实上,黄河8省(自治区)中除山东省外,其余各省(自治区)的创新能力相关指标基本处于全国平均水平之下。选取苏、浙、粤三省加以比较,是为了更为清晰地看到差距,发现自身薄弱之处。

二、完善科技创新投入机制,增强科技创新能力

前文中国科学技术发展战略研究院对中国区域科技创新能力的监测数据使我们清晰地认识到,创新投入的不足很大程度上制约了各省(自治区)的创新能力提高。因此,丰富和完善科技创新投入机制,是增强科技创新能力的重要保障。我们认为,应以黄河流域生态保护和高质量发展战略为契机,紧扣科技创新的内在规律和发展趋势,理顺财政和金融的功能定位,发挥财政与金融的优势互补,促进黄河流域创新形势加快发展,推进产业升级,提升产业核心竞争力。结合前文所述科技创新投入存在的不足,从财政与金融结合的角度提出如下建议。

(一)加大财政科技投入力度,优化财政科技投入结构

相比国内先进地区,黄河流域各省(自治区)财政科技投入偏低,在有效发挥财政引导、激励以及直接支持科技创新上,存在着较大提升空间。从公共财

政职能角度,应进一步加大财政科技投入的预算安排,要硬化相关指标,逐步提高财政科技拨款/财政支出、R&D 经费支出/财政支出等关键科技投入指标,应确保财政科技投入经费的增长快于财政经常性收入的增长。同时,应充分利用财政引导作用,进一步完善、创新财政产业引导资金使用方式,放大财政资金引导效应。每年从财政预算安排的产业引导资金中整合一定额度专项资金,灵活运用无偿拨款、股权投资、风险补偿、贷款贴息、奖补等形式吸引社会资本积极参与,放大政府资金在扶持科技企业发展中的作用,形成财政资金多元化支持实体经济发展的新格局。

(二)明确政府与市场分工,财政重点支持战略新兴产业技术创新

市场与政府两种资源配置方式在鼓励、激励创新并进一步推动产业技术升级,实现国家或地区创新发展战略方面都具有重要作用。两者应有明确的分工,相互协调,共同促进创新发展。市场要发挥的是基础性作用,引导资源配置与激励创新;而政府财政应致力于解决公共领域中的"市场失灵"问题,诸如基础研究、前沿技术研究、社会公益研究以及国家或地区的战略性新兴产业领域等。在财政补贴、专项资金等形式的科技投入支持中务必防止"政府失灵",避免重复、多次激励的大水漫灌,更要防止因对技术前沿与发展不了解而造成的无效支持。坚持集中财政办大事的思想,重点支持战略性新兴产业技术创新,试行容错机制,先行先试,积极探索、创新不同的财政支持方式,利用诸如无偿资助、后补助、贷款贴息、风险补偿、科技保险、"创新券"以及专项基金等不同形式,直接支持这些战略产业技术创新的同时,也引导企业资本、金融资本投向科技创新。

(三)落实支持创新发展的税收政策,提高普惠性财税政策支持力度

一方面,认真落实各类税收优惠政策。落实研发费用加计扣除、高新技术企业税收优惠、企业职工教育经费税前扣除、小微企业税收优惠等政策落实创新优惠政策。另一方面,提高普惠性财税政策支持力度。在对科技创新成果应

用阶段进行直接优惠的同时,也应完善对企业科技创新初期和中期的税收优惠政策,例如,可采取投资抵免、提取投资风险准备金和加速折旧等间接优惠方式,通过税基优惠来降低企业科技创新过程中的不确定性风险,最终提升企业科技创新能力。在制定具体的税收优惠政策时,在根据企业新产品开发、新技术研发、技术创新等各种科技创新活动支出来制定相应税收抵扣的同时,也要加强对流转税的税收优惠力度,争取增设营业税和增值税的税收优惠政策,调整关税和进口环节税收政策,减轻企业科技创新带来的税收负担。

（四）加大商业性金融支持科技创新力度

我国金融体系仍以商业银行为主导,在融资总量中也主要以商业性金融机构的间接融资为主。因此,在金融支持黄河流域的创新驱动战略中,还应发挥商业银行的主导作用,加大商业性金融支持科技创新的力度,增强商业性金融在创新活动中的应有功能。一方面,努力构建适合各省（自治区）不同企业发展的新型信贷模式,积极推进信贷制度创新,建立适合科技型企业发展的业务流程。另一方面,针对高新技术企业高风险的现实,进一步完善相关贷款的风险定价机制,深入探索科技融资的利率市场化问题,调整对科技型企业的信用评级和信用增级的方式,提高评估创新企业的未来现金流的技术水平。要加强对高新技术落后产业的信贷支持,可适当放宽信贷审批条件,但同时要制定合理的风险监测与管理机制,结合产业发展特点,建立科学有效的监测框架,密切关注和监测潜在的行业性风险。

三、财政与金融协调，推进黄河流域产业转型升级

（一）黄河流域产业转型升级路径

总体而言,黄河流域各省（自治区）的经济呈现大而重的特征,多数省份均是传统的农业和工业省份,产业结构中传统产业和第二产业占比仍较高,服务业发展相对滞后,产业结构调整升级的任务较重。因此,建议从以下方面着手

推进产业转型升级。

一是推进各省（自治区）的农业产业向生态化方向转型升级。黄河流域资源环境的承载力已接近极限，无法通过简单的规模扩张和要素投入来提高农业生产能力，应以绿色发展理念指导农业发展，着力遏制农业资源过度开发和农业面源污染加剧等问题的发生，鼓励农业生态化发展；应通过深入学习借鉴发达国家现代农业和生态农业发展的经验，加快基础设施和生态农业技术创新投入，探索适合黄河流域各省（自治区）实际的农业生态化发展道路。

二是引导黄河流域工业向轻型化、高端化方向转型。目前我国包括黄河流域各省（自治区）的工业正处在由工业化后期向后工业化时期转型的关键阶段，有必要以壮士断腕的决心，加大力度推进工业轻型化、现代化转型。强化资源环境倒逼机制，在大力关停落后产能和环境污染严重企业的基础上，积极引导工业企业转型升级。要鼓励重化工产业发展循环经济和清洁生产。通过设备升级改造和技术创新，打造能源梯度利用、资源接续利用、废弃物循环利用的新型工业产业链条，增强可持续发展能力。引导传统产业企业延长产业链条和占领价值链高端。如前文所述，以山西、陕西等省为代表，以能源、重化工为代表的传统优势产业已具备了一定的规模基础，但是产品大多集中在产业链条上游和价值链低端，产品附加值低导致利润率难以提高。应把握国家推进供给侧结构性改革的契机，引导此类企业积极延长产业链条，提高产品质量，对行业上下游的相关行业的收购重组、企业联合等资源优化配置活动予以全方位的支持。多措并举，扶持高新技术产业和新兴产业发展。顺应新一轮技术革命浪潮，充分发挥科技进步在工业转型升级中的推动作用，推进信息技术、生物技术、新能源技术、新材料技术等的研发和应用，实现产学研深度融合，引导传统企业延长产业链条增加产品附加值，鼓励高新技术企业、创新型企业设立和加快发展，实现有限资源的最优化利用。

三是以生产性服务业特别是金融业作为服务业的转型抓手。生产性服务业是全球产业竞争的战略制高点,涉及农业、工业等产业的多个环节,产业融合度高、带动作用显著,有利于引领产业价值链提升,从而深入推进产业转型升级。此外,黄河流域各省(自治区)的产业结构决定了生产性服务业的发展空间巨大。从国际通常水平来看,每1元工业增加值需要1元以上的生产性服务业为其提供配套服务,也就是生产性服务业的体量需大于工业的体量。加快发展生产性服务业,能进一步推进经济发展由工业主导向服务业主导转变,从而有效推动经济结构调整,加快农业生态化和工业轻型化目标的实现。应通过出台和完善相应措施,从加大科技投入和鼓励创业创新两个方面入手,提升生产性服务业的规模和效益。

(二)财政金融政策相协同,共同推进黄河流域产业转型升级

我们认为,金融政策与财政政策在推进供给侧结构性改革和产业转型升级方面均有其积极作用和局限性,应积极协调配合。核心思路是坚持以金融政策稳定总需求,同时以财政政策进行结构性调整,通过降低成本、促进创新、加强保障、提高效率等一系列手段,促进中长期内的经济结构转型升级。

一是加大加快股权引导基金投资运作。一方面,政府股权投资基金因其市场化运作的方式和带动社会资本投资的杠杆属性,已成为推进产业转型的重要政策工具。由于政府股权投资的有偿性特征,采取此种方式扶持特定产业较设立转型行业扶持资金的方式更加有效,甚至能够分享新兴产业发展的红利,从而长期缓解财政资金支出压力。与此同时,更应鼓励民间资本设立股权投资基金,引导资金加速流入实体经济特别是战略新兴产业。另一方面,加强政策性担保、贷款贴息等交叉政策工具的运用。目前金融业市场化水平较高,而金融资源配置的逐利性特征决定了很难通过市场定价机制实现资金的完美配置。对于公益性行业、新兴产业和高风险创业创新活动而言,融资渠道十分狭窄,获取资金的成本偏高。因此,应在充分控制财政担保规模和提高财政资金使用效率的前提下,适当增加政策性担保和贷款贴息工具的运用,通过更加市场化的

手段引导金融机构,实现调控政策目标。国家已提出"建立健全覆盖全国的政策性农业信贷担保体系框架,力争用 3 年时间建立健全具有中国特色、覆盖全国的农业信贷担保体系框架"。对于以节能环保为代表的准公益性行业或个别急需发展的重大行业,应努力拓宽上述工具运用的途径,以少量的财政资金撬动金融资源,切实通过政策调控调动金融机构积极性,推进产业转型发展。

二是加大对生态农业的财政资源倾斜力度。农业是国民经济各部门赖以独立化的基础,农产品质量问题更是关系千家万户的健康。但是培育体验型、循环型、智慧型等农村新产业新业态,推进农业生态化需要一定的基础设施和技术创新投入,这都是传统家庭农户和中小型农业生产企业难以独立负担的成本,因此要充分引导社会资源投入该领域。生态农业的发展又是黄河生态保护的主要内容之一,因此更应积极推进农业发展方式转变,需要采取各类财政奖励和补贴资金发放、加强农业信贷担保体系建设、鼓励金融机构支持农业生产能力提升和鼓励商业保险机构产品创新等扶持政策。完善农业生产融资运营服务体系,推广大型农机具设备等抵质押贷款业务,拓展涉农保险服务功能等金融政策措施。具体而言,可着重采用政策性担保与贷款贴息相结合的政策措施。家庭经营在今后较长时期仍将是农业经营方式的主体,完善的农业政策性担保体系对于小而分散的农业经营主体能够发挥较好的扶持作用。通过加大对生态农业基础设施和先进农业装备的贷款担保力度,结合引导性的贷款贴息扶持,能够有效地调动农业经营主体发展生态农业和现代农业的积极性,着力构建农业与第二、三产业交叉融合的现代产业体系,从而促进农业加快向生态化转型。

三是通过对工业企业实施差异性政策实现有控有保有促进。工业是黄河流域各省(自治区)的支柱产业,其转型升级效果直接关系到各省(自治区)供给侧结构性改革和新旧动能转换工程的成败。针对多数省份的产业结构以重化工为主、产业分工位于价值链中低端的工业发展现状,应着力引导发展动能由要素驱动为主向创新驱动为主的转变,促进产业分工由价值链中低端向中高端转变。财政金融政策的设计应努力实现有效市场与有为政府的协同联动,针对不同行业和不同类型企业实施差异性的政策,从而以尽可能小的成本实现工业轻型化、现代化转型。对于低效产能企业,在进行新增融资限制的同时,还应积极发挥财政政策的引导作用,加大产能整合和退出的专项资金支持力度,对优势企业整合消化低效产能和"僵尸企业"主动退出的,予以适度奖励和补贴,加快落后产能淘汰进度。对于经营暂时遇到困难的优势产业和骨干企业,应加大财政金融协同支持力度,综合运用债权转股权、股权引导基金参股和贷款利息补贴等政策,力争实现维护实体经济稳定运行的目标。对于高新技术和科技创新企业,应着力加强金融服务创新,促进企业有序竞争和健康发展。保障间接融资渠道畅通,通过适度政策性担保和补贴等方式充分调动金融机构积极性;继续深入推进金融改革,拓宽多层次融资渠道,推进新兴产业更多使用低成本的直接融资方式;提高财政资金使用效益,进一步提高股权投资引导基金的市场化运作水平。

四是通过鼓励创新促进生产性服务业发展。目前,黄河流域各省(自治区)均处于增速换挡、结构调整、动能转换的"三期叠加"时期,转型升级任务艰巨,而科技创新正是经济长期保持活力的关键因素。对于以互联网和相关服务、软件和信息技术为代表的新兴服务业和金融保险、研发设计、文化创意等生产性服务业而言,新技术、新产业、新业态和新模式的突破主要依赖于科技创新。利用财政金融政策推动生产性服务业现代化,应充分尊重科技创新和服务业创业创新规律,以市场自我调节和内生增长为核心,具体政策调控则应关注为科技创新营造良好条件,为创新资源的优化配置提供通畅渠道。

一方面,应通过财政金融政策协同推进科技创新,提升产业发展潜力。随着数字经济的发展,大数据、人工智能、区块链等新兴技术不断渗透传统服务业,"互联网+"持续催生新业态、新模式和新服务,相关行业的格局正在加速调整。黄河流域各省(自治区)能否在此轮科技变革中抢占先机,主要取决于科技创新力度以及成果转化效率。针对各省(自治区)科技创新投入巨大而产学研融合不足的瓶颈,通过制度创新营造包容性的科技创新环境。鼓励高等院校、科研机构与相关企业深入合作,为新技术快速转化提供财政金融政策支持,大力提升服务业科技化水平。具体可根据科技创新的具体特点,综合运用创业扶持资金、利率优惠、股权融资便利和政府股权投资基金参股等政策措施。与此同时,还应加大财政资金在基础性学科的投入力度,力争抢占新一轮科技革命的技术制高点。

另一方面,应提高服务业的创新资源配置效率,加大力度"补短板"。金融业和信息服务业是黄河流域各省(自治区)服务业发展的重要短板,针对这两个行业发展中面临的总量偏小和创新不足等问题,应发挥财政金融政策的引导作用,以紧缺高端人才队伍建设为突破口。可通过直接奖励、设立创业基金、提供优惠利率等多项措施,大力引进紧缺型高端人才,提高既有科技成果转化率,充分提升人才、知识、技术、资本等创新资源的配置效率。

8

互补与对焦：推动流域城市格局优化与区域经济高质量发展

　　如何在资源和环境约束下提高要素配置和利用效率，是黄河流域生态保护和高质量发展首先要面对的问题。减少经济增长对资源环境的依赖，一方面需要依靠科学合理的流域国土空间治理和规划，进一步提升城市的经济和人口承载能力；另一方面需要技术进步提高资源要素的空间配置效率，从而引领和带动整个流域的转型升级，促进产业集聚、集约发展，形成更加合理的功能分区。而这些都依赖于城市功能的发挥。本章以黄河流域城市发展格局及战略规划作为出发点，针对传统发展路径下人与自然、经济发展与环境保护的矛盾，探讨实现黄河流域高质量发展的有效路径。

第一节　建立和完善高质量发展评价体系

　　"经济高质量"发展的概念比"经济增长质量"具有更加丰富而深刻的内涵。虽然目前各界对"高质量发展"还没有做出一个统一的定义，但是对高质量发展的内涵已经达成了基本的共识：高质量发展指的是内涵式、集约式、效率提升式的发展。由于这种发展方式必须依靠科技进步来实现，因此，高质量发展的核心对应的是创新驱动，依托的是科技的进步和效率的提高。它强调不再简单追求数量和规模上的扩张，更要在结构优化、效率提升、福利分配改善、环境代价降低等质量方面有充分的体现，是涉及经济、社会、生态等多个方面的多维度概念。

　　对高质量发展水平进行评价是一项复杂、系统的工程。首先，高质量发展特征和评价标准具有多维性，涵盖了更多的主观因素。人们对经济和社会发展的评价，不再局限于数量上的增长，更是内容上的提升，如环境、文化以及获得感等，直观上可以分别从收入、工作、教育、医疗、居住、环境、发展以及安全等多方面进行评价，因此，"高质量发展"的目标要比"经济增长"的目标在指标选择上更加细致。其次，高质量发展的评价要兼顾经济社会发展的结果和过程，既要能够体现一定阶段的发展成就，还要能够动态反映既定领域的变化趋势。最后,高质量发展的评价本身具有一定的引导性。连贯性的评价,目的是实现实时的监测,在意什么,就评价什么。因此,高质量发展评价指标体系的设置具备了明确的政策引导价值。尽快合理构建高质量发展评价指标体系,并对各区域高质量发展水平进行量化,有利于准确把握黄河流域高质量发展状况、找出各区域高质量发展的长处和短板,进而有效实施后续政策的补充和修正。

目前,科学地对高质量发展水平进行评价和测度是当前推动黄河流域高质量发展的一项重要的基础性工作。2017 年中央经济工作会议指出,必须加快建立推动高质量发展的指标体系、政策体系、统计体系、标准体系、绩效评价和政绩考核体系。在高质量发展成为总体战略和根本要求的背景下,构建一套符合我国国情的高质量发展评价体系,具有重大而迫切的现实意义。

一、以新发展理念作为流域高质量发展的核心内涵

高质量发展是一个多维度、多元化、全方位的综合概念,是一种更高水平、更有效率、更加公平、更可持续的发展模式,实现了从"量"到"质"、从"有没有"到"好不好"的转变。目前,关于对高质量发展的内涵,国内各界分别从多种角度进行了深入阐释。从经济学角度,人们认为高质量发展是能够更好满足人民群众不断增长的真实需要的经济发展方式、结构和动力状态;或者意味着高质量的需求、高质量的供给、高质量的配置、高质量的投入产出、高质量的收入分配以及高质量的经济循环。更加主流的观点是从新发展理念的角度,认为高质量发展就是按照"创新、协商、绿色、开放、共享"五大理念,将创新作为第一动力、协调作为内生特点、绿色作为普遍形态、开放作为必由之路、共享作为根本目的发展方式。用新发展理念引领和刻画高质量发展方向和水平,更能抓住本质,找到关键,从基本特征出发,抓住经济、政治、文化、社会、生态等不同维度之间的关键指标,以衡量高质量发展的成效。

二、构建黄河流域高质量发展评价指标体系

第二次世界大战以后,部分发达国家以及国际组织先后建立了各种以发展为主题的评价指标体系,如世界知识产权组织的"全球创新指数"、世界银行的"知识经济指数"以及联合国的"人类发展指数"和"经济脆弱度指数",在揭示国家或地区发展状况方面表现出良好的效果和信度。国内的"国家创新指数""中关村指数"等也在相应的评价领域里发挥了积极的引导作用。受这些评价方法的启发,针对黄河流域的现实特点,建议以增长质量作为重要的判别标准,综合考虑经济社会发展的多个维度,构建一套包含多个子类目的指标体系,用指数化的方法进行评价。根据新发展理念的内涵,建议从以下维度来构建黄河流域高质展评价的指标体系,全面、准确地刻画高质量发展的动态演进路径,见表8.1。

表 8.1　黄河流域高质量发展水平的维度及指标体系

维度	高质量发展评价指标
创新	科研成果、投资效率、研发投入、技术交易、高等教育
协调	经济运行、社会发展、居民收支
生态	能源消耗、资源消耗、控制排放、环境治理、水土保持、可再生能源、循环利用
开放	对外贸易依存度、跨境投资、市场化程度、留学教育、跨境旅游、国际责任
共享	失业率、居民收支、城乡差距、公共基础设施、教育经费、公共卫生投入、社会经济环境
效率	全要素生产率、劳动生产率、资本生产率、金融运行效率、信息技术效率、市场扭曲
质量	农业现代化、产业高级化、经营规模化
结构	产业结构、消费结构、产权结构
稳定	经济波动、通货膨胀、金融安全、制度建设

三、政绩考核：高质量发展评价的国内实践

目前,通过构建评价指标体系进行政绩考核的做法已经在部分省市开展。近两年,江苏、湖南、湖北、广东等省相继开展了高质量发展政绩考核,在指标选取方面既体现出当前国家的战略意图,同时也充分结合了地方特色。江苏省2018年开始创新政绩考核的路径,出台《江苏高质量发展监测评价指标体系与实施办法》,将高质量发展要求细化为"经济发展、改革开放、城乡建设、文化建设、生态环境、人民生活"6个方面的任务,并搭建数据管理平台,构建高质量发展评价机制。湖北省政府2018年发布了高质量发展评价与考核办法,设置22项指标对省内市、州、县进行考核。从实践来看,以上地区的高质量发展政绩考核评价指标均按照行政区划进行统计,由于各地区的经济发展特征存在较大差异,因此,近两年各地区的高质量发展政绩考核在考核目标、方式、指标体系构建等方面存在相当大的不同。

对跨区域高质量发展水平进行评价,目前我国还没有形成统一的测度方法和指标体系,这项工作仍处于起步和探索阶段。构建黄河流域高质量发展评价指标体系有助于我们准确掌握黄河流域生态保护和高质量发展过程的关键信息,及时发现问题并有效修正,其引导意义更大于政绩考核的应用。

第二节　优化黄河流域城市发展格局，提升城市品质

目前,我国经济发展的重要特征是区域不平衡、总体不充分,且处于一个经济结构的快速变动期。从黄河流域内部视角来看,区域能级差异明显、城市化发展不平衡、城乡二元结构突出、生态环境脆弱、经济结构雷同、基础设施不足、城乡建设统筹较弱、基本公共服务水平较低等问题依然存在;产业竞争力薄弱,

发展动力缺失。这些都是黄河流域实现高质量发展所面临的一系列短板。比较而言，黄河流域高质量发展的愿景面临着比其他经济带更为严峻的形势。例如，在全国的整体格局中，黄河流域与长江经济带的自然地理特征和经济社会发展特征存在着明显的差异：首先，黄河流域中上游地区多为高寒及干旱、半干旱地区，生态系统的敏感性、脆弱性以及自然地理环境的复杂性问题更为突出；其次，黄河流域面临着缺水这一自然禀赋的短板，短时间内发生根本性转变相对困难。脆弱的生态本底和水资源的匮乏，并不具备承载现有规模农村人口生产活动的能力，大量农牧业超载人口未能得到城镇化转移成为贫困现象的主要原因。而长江流域则在地区发展方面拥有更明显的可持续性，人口规模和密度与经济发展水平呈现相同的分布规律。整个长江流域的经济、人口持续沿江聚集，形成了具有比较优势的城市群，在人才、资本和要素的优化组合方面产生了规模效应和辐射延伸；而黄河流域以省会城市为核心所形成的都市圈不具备沿黄河发展的条件，且黄河出海口的城市口岸功能较长江差距显著，不具备强有力的门户功能。城镇对农村剩余人口的吸纳能力不足，对周边农村地区的辐射力度不足，是导致黄河流域发展水平明显落后于长江流域的重要原因。

目前，同京津冀协同发展、长江经济带发展、粤港澳大湾区建设、长三角一体化发展等重大国家战略一样，黄河流域生态保护和高质量发展已经成为国家重大发展战略。如何才能做到既坚持"生态绿色"发展，又实现"高质量"发展，既能解决好经济发展内部不平衡、不充分的矛盾，又能增强地区综合竞争力，这些问题都指引我们聚焦于一个共识：要以城市的发力带动整个黄河流域的发展。在实现黄河流域高质量发展与生态保护协调共进的宏大进程中，黄河流域的城市战略是最为关键的一环，同时也需要辅以更高水平的顶层设计。

一、优化城市发展格局的战略规划

优化城市发展格局，不仅有利于加快流域地区产业转型升级和经济集约化发展，而且有助于培育黄河流域经济增长的新动能和新引擎。过去，黄河流域各省(自治区)在城市空间方面的规划视角局限于本省(自治区)的短期发展,地方上各自为政,缺乏宏观、长效的决策机制。因此,黄河流域城市发展战略的健全和完善,必须要立足于流域的实际情况,以发挥比较优势为出发点,以差异化的功能定位为立足点,兼顾长期与短期目标,力求实现全流域社会发展的经济效益、社会效益以及生态效益的同步发展。具体来讲,要将黄河流域作为一个"命运共同体",从整体上进行科学的城市战略规划,统筹布局,促进优势资源要素进一步集聚,统筹上中下游发展,重塑经济地理新空间,构建高质量的经济社会发展新格局。

在制定黄河流域高质量发展的城市战略规划时,一是要加强规划的科学性,尊重城市发展规律,充分应用各类数据资源对城市的未来发展方向进行科学研判,积极谋划城市发展空间,推动城市产业、人口合理布局,切实发挥规划的科学引导和宏观调控作用。二是要高度重视分析不同城市的资源禀赋和比较优势,推进产业分工细密化和多元化,细致规划上下游产业链和城市群内部合理布局,打破传统的城市群内部各自相对独立的产业分工体系。对于不同区域单元,其区域高质量发展的模式可能不同,但所有区域高质量发展在目标上是一致的。三是要对流域内各区域分别进行功能定位,而在分工发展的同时应着眼于产业、人口等资源条件和自然禀赋,以企业和重点项目为纽带,以城市群和都市圈为依托,加强流域内各城市间的沟通与合作。四是要建立统一的城市空间规划体系,形成具有广泛共识的城市发展战略目标,消除当前黄河流域生态和城市发展中不同规划之间存在的重叠或冲突。五是要加强区域中心城市的建设,强化中心城市对周边带动和辐射作用。

二、构建黄河流域国土空间开发保护新格局

国土空间格局强调"生产空间集约高效、生活空间宜居适度、生态空间山清水秀",这既是生态文明建设的必然要求,更是指导黄河流域区域要素投入的重要纲领。因此,构建流域空间开发保护新格局,要立足于资源环境的承载能力,

发挥各地区比较优势，贯彻新发展理念，建立黄河流域国土空间规划体系并监督实施。

一是促进城市化地区高效集聚经济和人口，实现区域均衡发展。黄河流域区域间发展不平衡的问题，是长期以来人口集聚未能与经济集聚同步、人口集聚明显滞后于经济集聚过程造成的。高质量发展的关键是要关注城镇化与城市化的发展。此举的重点在于推动人口、经济进一步向城市群及主要轴线核心区域集聚，加快建设现代产业体系，促进人口与经济相均衡。针对黄河流域区域发展的不平衡问题，尤其是边缘区域依然占有较高的人口比重且与经济比重存在较大差距的问题，黄河流域未来的国土空间格局需要进一步提升城市群、都市圈、中心城市等核心区域及重要轴线的经济和人口集聚能力，消除城市群等核心区域的承载力短板，增加其向周边的辐射带动作用，促进流域人口与经济的均衡发展。

二是树立底线思维，保护基本农田和生态空间。2015年发布的《生态文明体制改革总体方案》通过空间规划划定了生态空间、生产空间、生活空间和开发边界、保护边界。耕地的数量与质量直接关系国家粮食安全，我国的基本国情和严峻的耕地保护形势决定了黄河流域必须实行最严格的耕地保护制度。尽管近年来我国粮食产量实现了稳步增长，但仍要居安思危，特别要遏制土地流转过程中出现的土地"非农化"趋势，完善耕地保护制度，保障粮食安全。因此，黄河流域的国土空间开发和保护要树立战略性底线思维：即以国土空间规划为依据，把生态保护红线、永久基本农田保护红线和城镇开发边界作为调整经济结构、规划产业发展、推进城镇化不可穿透的底线。

三是保障农产品主产区增强农业生产能力。"加大农业水利设施建设力度，实施高标准农田建设工程""强化绿色导向、标准引领和质量安全监管，建设农业现代化示范区""加强粮食生产功能区、重要农产品生产保护区和特色农产品优势区建设，推进优质粮食工程""完善粮食主产区利益补偿机制"等，都是为了把支持农业发展的政策进一步向农产品主产区聚焦，更好调动农产品主产区发展农业生产的积极性。

四是支持生态功能区修复生态环境、人口有序转移。把国家支持生态环境保护的政策特别是生态保护修复政策进一步向生态功能区聚焦;支持生态功能区人口逐步有序转移,从根本上减轻生态功能区的承载压力,探索城里人下乡安居乐业、农业转移人口市民化的城乡间人口双向流动新机制,鼓励新经济业态和新消费模式在城乡间灵活布局,形成城乡均衡发展的区域一体化新形态。

三、以城市更新带动流域内城市品质的提升

目前,随着城镇化率和第三产业增加值占比不断提高,我国城市发展从新增土地开发的增量扩张转向城市中心重构的存量挖潜。发达国家的经验表明,当城镇化率达到60%左右时,诸如市中心衰败、人口流失、公共资源供应不足及就业结构失衡等问题将会出现。这些问题的产生既有环境方面的原因,又有经济和社会方面的原因。近年来,城市更新成为解决该问题的一项有效措施,并被许多发达国家的城市发展和国内各大城市的探索实践所证明。

城市更新的目的是对城市中某一衰落的区域进行拆迁、改造、投资和建设,以全新的城市功能替换功能性衰败的物质空间,使其重新发展和繁荣。从实践来看,城市更新一方面对城市建筑物等硬件设施进行改造;另一方面对各种生态环境、空间环境、文化环境、视觉环境、游憩环境等进行提升与延续。通过文化挖掘再造、产业经济升级、空间集约高效、民生服务提升等措施,城市更新能够有效推动城市发展,成为城市高质量发展的战略选择——以城市更新带动城市品质的提升。

1.规划引领完善城市空间功能结构

通过合理引导和调整规划,突破空间资源约束,以创新经济对空间发展的诉求为引导,调整土地资源利用方式以释放土地空间。一是要从土地利用规划方面着手,改变土地用途单一模式,注重提高土地利用效率;二是突破传统城市规划功能分区的原则,强调功能的混合利用开发,增加土地利用的兼容性,更好

地适应创新产业灵活多样化的需求；三是加快构建复合多元化空间，推进高端服务业与创新经济的融合发展；四是减少低端产业空间，构建兼具研发、办公与综合服务功能的社区化产业空间形态。

2.推进新型城市基础设施建设

评估交通、市政、基础设施支撑能力和公共服务设施供给能力，协调城市更新与土地准备、棚户区改造等其他存量土地开发模式的关系，通过便捷的公共交通网络引导街区空间紧凑型发展，提高物理空间布局的邻近性与可达性，提升大型公共设施物理空间品质，增强其与周边活力地区的联系强度，激发公共空间的共享性与社交功能。

3.以城市更新促进智慧城市建设

落实智慧城市要求，鼓励利用城市更新的契机，适度超前布局智能基础设施，提高智慧路灯、智慧井盖、智慧泊车等数字基础设施的布局，建设安全快速的通信网络和智能多元感知体系，为智慧城市管理提供智慧基础设施和智慧信息支撑，提高城市的现代管理能力。

4.在城市更新中推进城市绿色发展

将"绿水青山就是金山银山"的理念融入城市更新过程，通过城市更新推动基本生态控制线，开展生态修复专项研究，鼓励在城市更新项目中增加公共绿地和开放空间，推广绿色建筑；在城市更新过程中实施污染工业地块风险管控和治理修复，促进城市生产、生活、生态空间有机融合。

近期，国内许多省市各自开展了城市更新的探索和实践，并已经初步展现了阶段性成效：2019 年 2 月，深圳市就《关于深入推进城市更新高质量发展的若干措施（征求意见稿）》公开征求社会意见；2020 年 7 月，上海成立城市更新中心，推进旧区改造、旧住房改造、城中村改造及其他城市更新项目；2020 年 8 月，广州市提出把城市更新工作与"十四五"规划和国土空间规划、产业规划进行衔接。可见，城市更新是推动城市高质量发展的必然选择，将会成为未来我国城市发展的新常态。在高质量发展愿景下，黄河流域的城市更新，不再是简单的拆与建,而是面向城市理念、经济发展、社会活力、文化保护、生态环境等全方位的深化赋能。

第三节　引领与辐射：黄河流域城市群发展战略

我国经济发展的空间结构正在发生深刻变化,中心城市和城市群正在成为承载发展要素的主要空间形式和战略载体。"十一五"以来,我国出台了一系列旨在推动区域协调发展、深化区域合作与开放的规划和文件。"十一五"规划纲要提出要把城市群作为我国未来城镇空间布局的主体形态,加强城市群内各城市的分工协作和优势互补,增强城市群的整体竞争力;"十二五"规划纲要再次提出要以大城市为依托,以中小城市为重点逐步形成城市群;2011 年,我国发布《全国主体功能区规划》;党的十九大把区域协调发展上升为国家重大战略,并提出以城市群为主体构建大中小城市和小城镇协调发展的城镇格局;党的十九届四中全会提出优化行政区划设置,提高中心城市和城市群综合承载和资源优化配置能力。一系列规划文件和政策显示出城市群在我国区域经济发展中的重要地位。

城市群是城市发展到成熟阶段的最高空间组织形式。在特定地域范围内,由一个以上特大城市为核心,至少三个以上大城市为构成单元,依托发达的交通通信等基础设施网络所形成的空间紧凑、经济联系紧密、具有高度同城化和高度一体化趋势的城市群体。城市群从以下几个方面发挥功能:一是促进区域经济增长。随着区域一体化进程的加快,集聚效应不断吸引人口和要素向城市群集聚,城市群整体发展水平不断提高,发展空间不断扩展,对相邻区域的经济社会发展产生溢出效应,实现区域经济增长。二是辐射带动功能。各种经济要素在经济活动城市群核心城市集聚,继而通过溢出效应,通过交通网络等基础设施的联系,向周边地区辐射。三是规模经济功能。城市群内部具有不同的资源禀赋和比较优势的城市构成了一个高效的产业分工网络,使城市群具备了产业多样化与专业化兼具的特征。随着统一市场的形成，城市群通过与外界的交换过程实现自我优化和完善，从而具备了规模优势，城市群的整体竞争力大于单个城市竞争实力的加总。四是协同创新功能。城市群核心城市集聚了大量的高校和科研机构，是创新的主要基地。各城市间越是紧密联系，知识和技术的溢出和共享就越有效率。

截至 2019 年 2 月 18 日，国务院共先后批复了十大国家级城市群，分别是：长江中游城市群、哈长城市群、成渝城市群、长江三角洲城市群、中原城市群、北部湾城市群、关中平原城市群、呼包鄂榆城市群、兰西城市群、粤港澳大湾区。其中，兰西城市群、中原城市群、关中平原城市群和呼包鄂榆城市群都分布于黄河流域，此外，黄河流域还包含山东半岛和黄河几字湾城市群等。2019 年 1 月中央财经会议后，沿黄 9 个中心城市协调发展，形成了九大都市圈，9 个中心城市分别是青岛、济南、郑州、西安、太原、呼和浩特、银川、兰州和西宁。城市群的面积约占黄河流域面积的 33.6%，但人口规模占黄河流域的 70% 以上，经济总量占黄河流域的 70% 以上。可见，黄河流域城市群已经成为黄河流域区域社会经济发展的主要载体，在黄河流域高质量发展中承担并发挥着重要支撑作用。

一、城市群在黄河流域高质量发展中的核心地位

城市群是黄河流域经济活动和人口聚集的核心区域，在黄河流域高质量发展中的战略地位主要体现在以下几方面：

一是城市群人口密集，集中了黄河流域 60% 以上的人口。从人口集聚程度来看，2017 年黄河流域 7 个城市群总面积为 65.2 万平方千米，占黄河流域 8 省（自治区）（不包括四川省）面积的 1/5（21.2%）；2017 年总人口为 1.9 亿人，达到了黄河流域省（自治区）总人口的 56.5%。人口是城市发展的基础，人口聚集为城市带来规模效应和生产率提升的同时，也刺激了需求，为城市的进一步开发和投资带来更多的机会。在落户门槛逐步降低的趋势下，产业经济发达、资

源配套完善的大中城市对人口更加具有吸引力。

二是城市群占据黄河流域 70% 以上的经济总量。2017 年黄河流域城市群 GDP 为 12.5 万亿元,占黄河流域 GDP 的 68.2%。城市群是黄河流域经济发展的战略核心区,主导着黄河流域经济发展的命脉,每个城市群都是所在省份经济社会发展的战略核心区和经济发展的重要引擎。各城市群的人口、GDP 均在各省(自治区)占有很高的比重,特别是在西部省(自治区)尤为明显。如兰州—西宁城市群所在的青海部分,面积只占青海省的 8%,但是却集聚了全省 71.7% 的人口,GDP 达到全省的 72.3%。相对于全国而言,由于资源和环境的限制,城市群对黄河中上游地区的发展举足轻重。从经济实力和辐射能力来看,山东半岛城市群是黄河流域经济发展的龙头,2017 年 GDP 占黄河流域的 37%,在 2019 年中国地级市 GDP 排名中,青岛和济南分别位列第 14 位和第 20 位,以青岛和济南为中心城市的山东半岛城市群在山东省的总体经济发展中同样发挥着重要功能。

三是城市群是流域经济发展的重要引擎。由于城市群拥有良好的教育、科研资源,良好的现代化社会服务和公共服务体系,巨大的市场空间、就业空间和社会发展空间,以及相对较高的消费水平与服务环境,因而吸引科研教育资源、资本要素、人力资源要素等源源不断地向其集聚。

四是城市群在黄河流域的协同创新发展中具有引领、带动作用及辐射功能。城市群中的核心城市集聚了大量的研发中心和服务机构,是科技创新的主要基地。城市群各城市间紧密的联系促进了知识与技术的溢出和扩散。通常情况下,资本、技术等要素资源总是先从中小城市向大城市流动集聚,重要科研机构和科研、技术人员也总是先向大城市流动和配置,而技术成果则是由大城市向中小城市流动,从而实现科技成果向现实生产力转化,这也是城市群发展的一般规律。

五是城市群具备较强的整体竞争力。在城市群内部,各个城市根据各自的资源禀赋和比较优势形成高效的产业分工,使城市群的整体优势大于单个城市;随着城市间的关系由竞争转向合作,城市群各城市间的经济联系不断深化,则单个城市与城市群的整体竞争力都将上升。因此,过去社会中通常关注单个城市之间的竞争,如武汉和广州之间的竞争,但是现在转向关注武汉城市群和珠三角城市群的竞争、长三角城市群与粤港澳大湾区的竞争。

六是沿黄城市群是黄河文化的容器和坐标,是中华文明的重要承载区。黄河文化的发展,也是一座座城市的变迁史。这些城市共同穿越了时间的长河,连成一部厚重的黄河文化史。黄河流域城市群囊括了郑州、西安、洛阳、开封等多朝古都和 13 个历史文化名城,是黄河文化遗产的重要承载区。黄河文化同时也是驱动城市群形成发育的重要因素,比如,西夏文化驱动着宁夏沿黄城市群的形成发育,秦唐文化驱动着关中平原城市群的形成发育,齐鲁文化驱动着山东半岛城市群的形成发育。黄河文化蕴含的时代价值是推动城市群高质量发展的支撑力、凝聚力和向心力,也是实现黄河流域高质量发展的关键所在。

二、黄河流域城市群的发育状况及问题

城市群在促进黄河流域实现高质量发展过程中的动力机制尚不健全。目前,黄河流域城市群的形成发育呈现以下特点:

首先,人口与城镇化集聚效应显著提升,但集聚程度低于全国城市群平均水平。1980—2016 年,黄河流域城市群人口密度由 191.82 人/平方千米 增加到 293.04 人/平方千米,平均增长速度为 1.18%,慢于同期全国城市群 2.11%的增长速度。2016 年黄河流域城市群人口密度低于全国城市群平均人口密度(378.9 人/平方千米),更低于珠江三角洲城市群(1 095.11 人/平方千米)、长江三角洲城市群(657.58 人/ 平方千米)和京津冀城市群(522.82 人/平方千米)的人口密度。

其次,城市群总体发育程度较低,中心城市对周边地区的辐射带动作用不足。黄河流域城市群发育的空间差异显著,越往上游城市群发育程度越低。从空间分布来看,黄河流域上游地区有兰西城市群、宁夏沿黄城市群和呼包鄂榆

城市群,中游地区有关中平原城市群和晋中城市群,下游地区有中原城市群和山东半岛城市群。上中下游城市群发展差异很大,具有明显的地带性差异。黄河上中游地区城市群的规划面积较大,但城镇、人口和经济规模却相对较小。城市群建设用地扩张速度较慢,低于全国城市群平均水平。中下游城市群联系松散,青岛、济南作为山东半岛城市群的两个中心城市,首位度不高,对周边地区的辐射带动效应不明显,对高端人才吸引能力不足,甚至存在着优秀人才流失的现象。从周边来看,北京、上海、天津等国家中心城市,以及正在规划建设的雄安新区辐射影响范围不断扩大,对优质要素资源形成了强大的"虹吸效应"。

再次,产业结构不够优化。城市群经济结构中传统制造业比重大,先进制造业和现代服务业比重低。近年来,黄河流域城市群传统增长动力持续减弱,传统产业比重偏高、增速放缓、增长空间趋小。制造业中纺织服装、食品加工、机械制造等传统产业产值占比超过70%。数字经济、人工智能、车联网等领域整体偏弱,新业态新模式尚处于起步或跟跑阶段,战略性新兴产业、高技术产业领域尚未培育出全国性的领军企业,以流域内科技创新走在前列的青岛为例,2019年其战略性新兴产业增加值比重仅为10%左右。科技型中小企业总体总量偏少、质量不高。

最后,城市群内部的竞争大于合作,尚未形成有效的区域协调机制。一是中心城市的核心功能和定位特色不够突出,中心城市与周边区域缺乏有效联动。由于各个城市之间没有形成合理的产业分工,城市同质化现象突出,各城市在土地管理、产业选择、经济结构、创新要素等方面出现了不可避免的竞争局面。与长江三角洲、珠江三角洲城市群相比,黄河流域城市群尚未形成分工合理、竞合有序的城市关系,城市群的整体经济效益和对外服务功能相对较低。二是行政壁垒限制了城市一体化建设的进程。土地、劳动力、资金、技术、知识、管理和数据等要素利用效率不高,一体化政策及基础设施缺乏连贯性,城市活力没有充分体现。三是中心城市后续规划布局尚不明确,缺乏评估体系。

总体来看,黄河流域城市群发展所面临的问题在于以下三个方面:一是来自资源和环境方面的约束,包括水土流失、沙漠化、地表塌陷、水资源短缺、下游洪水威胁等。二是来自经济社会深层次发展方面的压力,包括发展滞后、区域差距大、产业低端、落后区广等。三是人口分布的空间结构不合理。黄河流域生态脆弱、水资源匮乏,人口的承载能力有限,目前在生态脆弱地区大量超载人口长期从事农牧业生产活动,未得到非农产业化转移。而在黄河流域中上游地区适合人口和产业集聚的区域,第二、第三产业的发展规模十分有限,不具备吸纳生态脆弱区过载人口的能力。

三、建立黄河流域城市群跨域合作机制

跨区域合作是城市群一体化发展的重点,有利于构建优势互补、分工合理、布局优化的区域格局,指城市之间分工合作、功能互补、联系紧密、协调发展。城市之间跨域合作能够以更低的成本和更高的效率创造共同价值,从而提高城市群的整体竞争力。目前,黄河流域城市群仍存在竞争大于合作、地区利益难以协调、地区发展差距较大等问题,这不仅限制了城市群整体优势的发挥,也有悖于区域经济一体化的发展趋势。为促进黄河流域城市群协同发展,加强城市之间的合作与联系,要坚持市场的主导作用,充分发挥各级政府的能动性,探索多元合作模式,探索建立区域利益协调机制,统筹公共设施建设,推动公共服务共享,完善城市合作规划,构建促进黄河流域城市跨域合作的政策体系。

(一)突破条块分割思维,建立黄河流域城市协调机构及机制

近年来,黄河流域各省(自治区)虽然在区域合作方面取得了一定成效,但是对黄河流域的整体发展的重要性认识还不够充分,区域合作仍停留在协议层面,缺乏具有约束性的制度和举措。流域内各省(自治区)基于自身发展的利益,发展目标存在较大差异。从纵向上来看,一体化监督机制仍不健全,水利、环保、国土等条块分割现象依然十分明显,需要进一步协调和理顺各部门之间

的关系,加强顶层设计,并在层层推进中落实和细化。从横向上来看,流域内各省(自治区)尚未形成统一联动的体制和机制,各自为政的现象比较突出,缺乏分工与协作,关联程度较低。虽然目前已经初步建立了相关合作组织或机构,但是协商制度不健全,目标任务不够明确,缺乏操作性和约束力。要消除地方保护主义,通过创新城市跨域合作、协商机制,积极推动跨区域产业分工和资源配置,推动市场一体化建设,形成黄河流域各区域间的良性竞合关系。

一方面,要健全常态化的城市合作交流机制。面对不同城市主体的利益诉求,加强协调机制建设是促进黄河流域城市合作的有力保障,也是协调区域发展关系的重要内容。政府的政策倾斜、区域规划、产业政策以及组织协调对区域发展和空间格局的形成和演化具有重要影响。在黄河流域向一体化发展的趋势下,政府职能要实现从微观干预向公共管理的转变。一是要不断减少政府对经济活动的直接干预;二是要充分发挥政府在政策、规划、监管执法以及公共服务等方面的职能。同时,明确各级政府在促进区域合作中的近期和远期目标,发挥政府及相关部门在推动区域合作中的主导和引领作用,完善城市合作的协调、监督和评价机制,提高黄河流域城市合作的水平。

另一方面,要建立有效的黄河流域城市间协调组织。在实现黄河流域生态协调与经济社会协调发展的共同目标下,各级地方政府要突破条块分割思维,加强合作意识,提高政府间的合作水平。要根据实际需要并具有一定的前瞻性,建立相关的区域性协调机构或组织,推动政府间合作进入实质性的合作阶段,建立相关规章制度,突出协调管理和信息沟通等功能,保证区域协调管理的规范性、权威性和约束性。

在区域经济一体化日益加深的背景下,长三角、珠三角、京津冀等城市群相应成立了"长三角城市经济协调会""泛珠三角9 + 2"和"环渤海区域合作市长联席会"等机构,在协调地方利益冲突、促进资源和要素配置方面发挥了积极的作用。黄河流域生态保护和高质量发展协作区联席会议始于 1988 年,旨在努力推动沿黄各省(自治区)基础设施互联互通、生态环境联防联治、经济社会高质量发展。会议定于每年9月18日召开,各方将从6个方面进一步深化合作:推进生态保护联防联治、强化产业发展合作联动、推动科技创新合作、推进基础设施互联互通、扩大对外开放合作、保护传承弘扬黄河文化。2020年9月18日,黄河流域生态保护和高质量发展协作区联席会议在西安召开。同时,推动关中平原城市群高质量发展联席会议也同期召开。9月19日,召开首届关中平原城市群市长联席会议。会议期间举行了"关中平原城市群区域合作办公室"揭牌仪式。2020年8月8日,黄河流域省会城市与胶东经济圈五市在青岛召开"2020·青岛·陆海联动研讨会",共同签署东西互济陆海联动合作倡议,约定共建海港和内陆港联动合作体系,共筑东西开放国际物流通道。会上,青岛牵头建立了黄河流域"9+5"城市党政主要负责人联席会议制度。2019年12月30日,以"共筑黄河流域高质量发展新格局"为主题的黄河流域生态保护和高质量发展论坛暨黄河经济协作区省(自治区)负责人第三十次联席会议在运城市召开。联席会议制度的建立提供了一个交流合作的平台,有利于各个城市间的经验交流与共同进步,为黄河流域的整体发展提供强有力的制度支撑。

(二)建立有效的利益共享机制和成本分担机制

为了形成竞合有序、一体化发展的城市格局,要进一步促进政府与企业、社会组织的广泛、深度合作,发挥多元主体参与建设的积极性,在政府与企业、社会组织之间构建良好的协调沟通机制,共同参与流域内公共产品生产和服务供给。在GDP分成、税收分成、建设运营成本分担以及社会责任等方面,以有效的制度供给激发城市主体的积极性和主动性,实现互利共赢。

首先,形成多元化财政扶持体系。统筹推进黄河流域各城市的预算管理改革。由于地方财政支出规模差异明显,流域内各城市经济水平参差不齐,公共服务也存在显著差异,阻碍黄河流域城市合作的推进和高质量发展。如果公共服务和资源不均衡,人口尤其是优秀人才便会向流域内几大核心都市转移,不利于其他中心城市的发展以及辐射扩散功能的发挥。因此,充分发挥市场主导,促进资源根据经济社会发展规律和市场需求进行合理配置,通过资源在流域内充分有效的流动实现区域发展效益最大化。流域内各城市必须彻底打破行政壁垒,通过联席会议等方式实现包括年度预算执行、财政收支预测和绩效分析等信息的公开共享,提高财政预算的透明度,为后续的城市间横向转移支付机制和税收分享机制提供制度保障。此外,有必要统一黄河流域各城市的预算绩效评价标准及方法,构建覆盖全流域的全过程预算绩效管理体系。

合理发挥税收政策的导向作用。税收在促进黄河流域生态协调与经济社会高质量发展过程中具有独特的重要性。在市场经济条件下,税收是政府进行宏观调控的重要工具。在实现黄河流域城市合作协调发展的过程中可以充分运用税收政策,对不同地区、产业、纳税人及课税对象进行总量和结构上的调节,实施区别对待,从而影响生产要素的合理流动。涉及黄河流域城市经济合作与发展的项目,要实行税收鼓励政策,调动合作的积极性。对于符合资源综合开发利用的投资项目,要在税收上给予一定的优惠政策,在财力上给予适当的支持,并鼓励打破条块界限。对地方重复建设项目运用税收手段进行限制。此外,要优化税收征管协调机制。流域各城市要明确税收征管范围,避免重复征税,不得擅自减税,注意消除因执行力度差异所造成的税收洼地问题。

其次,探索建立投入共担、利益共享的财税分享机制。财税利益是地方政府推进区域间合作的重要考量因素。随着黄河流域一体化发展上升为国家战略,如何创新区域内政府财税分享机制,成为调动各方积极性,加快流域高质量发展进程的一大关键。目前,国内其他地方对财税分享机制已有一些探索。

比如,为了推动产业转移,促进京津冀地区协同发展,2015 年财政部公布了《京津冀协同发展产业转移对接企业税收收入分享办法》,其核心内容是对纳入迁移名录从北京迁移到河北和天津的企业,迁出企业完成工商和税务登记变更并达产后三年内缴纳的增值税、企业所得税和营业税,由迁入地区和迁出地区按 1∶1 比例分享。2020 年 12 月,成都与重庆签订《跨区域合作项目财税利益分享框架协议》,明确成渝双城经济圈各城市开展的跨区域合作项目所产生的增值税、企业所得税等税收及其附加收入可以进行财税利益分享。2019 年 12 月,长三角生态绿色一体化发展示范区发布《长江三角洲区域一体化发展规划纲要》，明确要求地方政府加强政策协同，在财税分享等政策领域建立政府间协商机制，创新财税分享机制。核心是"投入共担、利益共享"，建立沪苏浙财政协同投入机制，按比例注入开发建设资本金，统筹用于区内建设。目前，财税分享机制创新仍面临不少现实困难需要研究破解，由于各地财力差异较大，加剧了统筹协调的难度，改革必须考虑各地的财力承受力和公平性问题。

最后，统筹完善沿黄流域合作发展基金。重大基础设施建设、生态经济发展、盘活存量低效用地等投入需要大量资金支持，设立沿黄流域合作发展基金是拓展建设资金来源的重要渠道。要组织流域内重点城市联合设立沿黄流域发展投资专项资金、股权投资引导基金和 PPP 发展基金，支持关键共性技术突破、新材料和新产品研发、智能生态改造等项目，推动重点产业转型升级和战略性新兴产业的培育。同时，注意扩大基金来源，努力争取中央政府和流域内各城市的财政拨款和税收，并合理安排基金用途。

（三）建设统一开放的市场体系

全面推进深化改革，加快破除制约沿黄地区发展的行政壁垒和体制机制障碍，共创国际一流营商环境，为更高质量一体化发展提供强劲内生动力。

首先，促进市场体系一体化建设。一是推进政策协同。建立重点领域和重大政策的沟通协调机制，保障政策制定的统一性、规则一致性和执行协同性；建立政策协商机制，在企业登记、土地管理、环境保护、投融资、财税分享、人力资源管理、公共服务等领域建立政府间协商机制；加快建立备忘录和框架协议，以政府采购市场一体化推动流域市场一体化。二是建立统一标准。按照建立全国统一的大市场目标，推动重点标准目录、标准制定、标准实施监管的协同，建立层次分明、结构合理的区域协同标准体系，在环境联防联治、生态补偿、基本公共服务、信用体系等领域开展试点和推广，推进流域内标准互认采信、结果互认。

其次，建设统一开放的要素市场。一是建设统一开放的土地市场。深化城镇国有土地有偿使用制度改革,建立健全城镇低效用地再开发激励约束机制和存量建设用地退出机制。探索宅基地所有权、资格权、使用权"三权"分置改革,建立农村集体经营性建设用地交易制度,开展土地整治机制政策创新。二是建设统一开放的人力资源市场。减少政府合作的信息壁垒,实现资源共享、信息互通的电子化城市政务合作。推动人力资源、就业岗位、养老医疗等信息共享和服务政策的衔接,加快一体化网上办理进度。建设黄河流域人才互通机制,消除人才流动的医疗保障、职业资格和职称认证等障碍。推动国际人才认定、服务监管部门信息互换互认,确保政策执行一致性。联合开展跨区域职业技能培训。三是建设统一开放的产权市场。推进各类产权交易市场联网交易,交易平台互联共享公共资源。加强公共资源、林权、农村集体产权、环境权等交易活动有序纳入交易平台。推进城市间专家资源和信用信息共享。推进知识产权交易市场建设,健全集知识产权评估、担保、贷款、投资和交易"五位一体"的综合服务体系。

第四节　聚焦城市群,带动黄河流域高质量发展

城市群崛起是经济发展到一定阶段的重要标志,同时对经济发展具有巨大带动作用。美国的三大城市群,包括大纽约地区、五大湖地区、大洛杉矶地区所创造的 GDP 占全美国的 60% 以上;日本的大东京地区、大阪神户地区、名古屋地区创造的 GDP 占全日本的 70% 左右;其他如英国大伦敦地区、法国大巴黎地区、加拿大多伦多以及大温哥华地区在各国城市化发展过程中也都发挥着重要作用。我国长三角、珠三角地区小城镇的发展过程也证明,中小城市由于可以分担大城市的某些特定功能,因此能够较快发展壮大。

在黄河流域近年来的发展过程中,几大城市群形成了互补性的发展定位,中原城市群定位于先进制造业和现代服务业、中西部地区创新创业先行区、内陆地区双向开放新高地和绿色生态发展示范区;关中平原城市群定位于向西开

放的战略支点、传承中华文化的世界级旅游目的地和内陆生态文明建设先行区；山东半岛定位于国家蓝色经济示范区和高效生态经济区以及环渤海重要增长极。要不断健全协调机制，统筹发挥各大城市群的引领作用，通过不断优化空间布局和集聚生产要素，推动流域经济发展的质量变革、效率变革、动力变革，实现黄河流域高质量发展目标。

一、提升城市群协同创新能力

黄河流域要摆脱资源和环境的束缚实现高质量发展，必须要向创新驱动的经济发展方式进行转变。目前，在技术创新方面，流域内各中心城市已经在部分领域拥有了各自的比较优势，比如，青岛在生命科学、材料科学、空天海洋、量子技术等领域，济南在大数据与新一代信息技术、智能制造与高端装备、医疗康养等领域，郑州在智慧城市、工业物联网、大数据等领域，西安在新一代信息技术、新能源、新材料、军民融合等领域，兰州在先进装备制造、精细化工等领域，太原在轨道交通、能源装备、重型机械、通用航空等领域，都已经获得了一定的先发优势。要利用城市群的协同功能，围绕具有竞争力的传统优势产业和具有发展潜力的新兴优势产业，集聚、整合各类创新要素，持续推动经济发展动能的转换，努力建立符合高质量发展要求的现代产业集群。

一是要协同突破高技术产业领域的重大关键技术。聚焦新能源汽车、重大新药创制、智能机器人、大数据及云计算、可穿戴智能设备等关键领域，协同开展共性技术、基础技术攻关，建立创新联合体，力争解决流域面临的一批"卡脖子"问题；联合创设未来技术研究机构，聚焦未来前沿技术，在人工智能、无人技术、石墨烯、氢能及燃料电池、生命科学、纳米科技、空天海洋等领域超前部署战略前沿技术研究；深入开展可燃冰、页岩气开采、平台装备工艺创新、安全环境监测等关键技术攻关。

二是打造服务黄河流域的创新平台。以山东大学、中国海洋大学、西北大学、西安交通大学、郑州大学等为支撑，积极促进能源科技创新机构的设立；高起点、高标准规划建设一流大学组群,为高科技产业发展提供智库支持;积极推进深海探测、高速列车技术创新等研究,多支点打造技术创新高地。

三是协同推进科技成果转移转化。推动高校和科研院所服务黄河流域,围绕黄河流域的机械、化工、冶金、纺织、能源等传统产业,增设物联网、人工智能等学科专业,助推技术改造升级。支持高校和科研院所结合沿黄城市、经济功能区优势产业,共建科技成果转化园区,开展专利运营、创业孵化等活动。建设一批高水平功能平台和新型研发组织,推动重点领域关键共性技术的研发供给、转移扩散和首次商业化。完善技术交易市场体系,推进科技成果集成化。合力打造黄河流域线上线下技术转移服务平台,推动技术交易市场互联互通,实现成果转化项目的资金共同投入、技术共同转化、利益共同分享。

二、发挥中心城市作用,提高承载及辐射带动能力

高效的资源配置和充分的要素流动是城市群的发展活力所在。中心城市由于具备巨大的市场规模,其规模效应的发挥降低了生产成本,各种资源也得到了高效的配置,表现为各种生产要素向中心城市的集聚。在规模效应和集聚效应的驱动下,中心城市进一步提高了自身经济发展水平,逐步成为区域内要素配置、产业转型和技术创新的中心,其对外辐射的溢出功能也开始发挥。可见,中心城市自身的发展具有正的空间外部性,对于整个城市群的经济发展具有非常重要的意义。为此,必须坚持以中心城市引领城市群发展,注重发挥中心城市的带动与溢出效应,努力扩大中心城市对城市群以及区域经济发展的辐射作用。要加快推进中心城市扩容升级,形成带动区域发展的增长节点。

一是要强调市场的力量,辅以必要的行政手段,由政府来主导,用规划来约束,引领中心城市提升开放水平,推进包容发展,增强外延发展能量。

二是要完善流域城市群交通基础设施,构建网络化交通运输体系。交通基础设施是支撑要素和人口跨地区流动、加强区域间经济联系的主要载体。交通运输条件的改善可以有效发挥空间溢出效应,促进沿线城市的经济增长。未来

应加强综合交通运输体系建设，智能化进行交通管理，构建海陆空多种交通方式相互衔接的综合运输网络。

三是要提升流域中心城市的教育发展水平和科研开发能力，不断扩大中心城市在教育、科技、文化等方面向周边区域传播和扩散。大学是城市振兴发展的强大支撑，是城市活力、城市实力和城市动力的重要体现，也是评价城市综合竞争力的核心要素。目前，黄河流域高等教育资源分布不均衡，中心城市高等教育资源总量少、层次不高。其中，河南拥有 1 亿左右的人口，共有 141 所高校，但没有一所是 985 大学，导致河南的优质生源外流。山东拥有 146 所高校，数量居全国第三，不过只有 3 所 211 大学，与山东省的经济实力不相匹配。高等教育的发展需要提前规划、长远布局以及长期的办学积累，因此，要统筹考虑、长远谋划。要将优质教育资源向流域中心城市倾斜，加快形成与产业发展相匹配的应用学科和特色专业，为城市的创新驱动提供有力支撑。要通过深化改革和扩大开放的政策激励，建立起有效推动中心城市知识外溢、技术外溢和人才外溢的市场机制，使中心城市成为带动城市群发展的动力源。

四是要加强中心城市的培育。在黄河流域城市群内部，各中心城市对外服务能力较弱，且各城市的空间布局相对分散，导致城市之间网络联系不够紧密，尚未形成有效的区域协调机制。城市群是黄河流域经济活动和人口聚集的核心区域。7 个城市群总面积为 65.2 万平方千米，占黄河流域 8 省（自治区）面积的 21.2%。城镇数量和密度在空间上的分布呈现与经济发展水平同步，即黄河中上游地区的城市群覆盖率相对较低。而在这些城市群中，分布着大范围的经济欠发达地区，物流交通等基础设施发展落后，与城市群的经济发展水平落差较大，难以形成有效的产业对接，使城市群的经济势能无法有效扩散。因此，应把培育和完善区域性中心城市功能作为主要任务。一方面，要加强中心城市的培育和建设，特别是在黄河中上游，每个城市群的发展仅仅依靠一两个中心城市辐射带动的局面，可以说是"小马拉大车"。在关中城市群内部，可以科学研究，选择将综合条件较好的城市培育成新的中心城市。另一方面，优化现有中心城市的产业结构,提高城市建设品质,促进区域合作,充分发挥这些城市承上启下的作用,提高黄河流域城市群的发展活力。

三、合力打造国际一流营商环境

合力打造一体化市场准入环境。实行统一市场准入规则,进一步放宽市场准入,为市场主体准入提供同质化、便利化的公共服务。协同推进数字政府建设,构建跨区域政务服务网络。

合力打造一体化的市场监管环境。贯彻落实国家监管规则和标准,实施公正监管,推动实现全覆盖。对新兴产业实施包容审慎监管,推动新业态更好更健康发展,优化新业态发展环境。强化知识产权监管,加快形成知识产权保护合力,构建跨区域、多部门的知识产权保护体系。

优化外商投资环境。学习借鉴海南自贸港、上海临港新片区等改革创新举措,对标国际高标准市场规则体系,打造公平、透明、稳定、可预期的市场环境,提升外商投资管理和服务水平。

四、强化要素流动合作，实现基础设施高效对接

加强流域内城市交通基础设施的互联互通,鼓励人才在地区间的合理流通,将城市间合作的基础设施网络推广到信息、水利和能源等领域,实现资源要素的优势互补和协同发展。

（一）建立人口自由流动机制

逐步消除黄河流域城乡户籍壁垒,促进流域人口实现有序流动、合理分布。不仅要放宽户籍管制,还要进行一系列配套改革措施,逐步剥离与户籍相挂钩的福利资源,实现人口自由流动。健全流动人口管理制度,创新服务手段,完善服务措施。建设统一的就业服务信息化管理平台,联合举办区域人才交流洽谈会、大学生就业招聘会,开放人才市场,实现专业技术资格互认、岗位资格证书

通用以及信息共享。构建一体化的社会保障体系,加强城市间在社会保障和公共服务基础设施的衔接。各城市应增加对教育、卫生、健康及就业培训等方面的投资,创造良好的就业环境,有效提高人力资本存量和质量,形成人口数字红利。要从黄河流域社会发展的整体利益出发,统一管理,分工合作,保证人口流动能够按照城市功能定位、产业发展优势以及空间布局的需要自由合理流动,促进流域经济社会繁荣发展。

（二）实现交通信息等新型基础设施网络衔接

交通基础设施是支撑人口和要素跨地区流动、加强区域经济联系的主要载体。便捷的交通运输服务能够促进人口、资金以及信息、技术的迅速传播和交流,突破传统行政边界的约束,加快资源的跨区域整合。实现黄河流域高质量发展依托于发达的交通和通信等基础设施网络所带来的效率提升。

一是协同建设新一代信息基础设施网络。统筹规划黄河流域城市群数据中心,加快推进 5G 网络部署以及高速光纤宽带网建设,推进宽带普及提速,加快应用升级改造,打造高级互联网产业生态。协同推进城市大数据中心和云计算基础设施建设,打造云计算开放创新平台,扩大政务云建设规模。

二是合力打造功能辐射覆盖全流域的海铁联运交通网络。进一步优化流域内高速公路、高速铁路、港口码头的规划布局,协同建设智慧敏捷、衔接顺畅的现代物流基础设施。探索建立黄河流域城市多式联运合作机制,深化海铁联运"一单式"改革,推动联运单证一体化、标准化、物权化、金融化,共建黄河流域便捷的出海通道。

五、传承和发扬黄河文明，共筑文化自信

黄河文明历史悠久、文化深邃,人文底蕴深厚。文化是城市群发展的灵魂,也是城市群人口集聚的持久向心力。保护和传承黄河文明,提升城市群的文化品质,是实现黄河流域高质量发展不可或缺的部分。在黄河流域城市群建设过

程中,需要抓住文化精髓,以文化传承为灵魂,提升黄河流域城市群高质量发展的文明基础。结合流域内各地丰富的文化积淀,从实际出发,分别以河湟文化、秦唐文化、西夏文化、中原文化和齐鲁文化为魂,分别缔结兰西城市群、关中平原城市群、宁夏沿黄城市群、中原城市群以及山东半岛城市群的文化认同,不断增强城市群发展的凝聚力和认同感,以文化为纽带把黄河流域的城市群紧密联系在实现高质量发展的统一阵营里。

9

强化保障，重视民生，
持续推进乡村振兴与基础设施建设

实现社会发展与经济发展相协调,需要完善相应的基础设施保障和社会制度安排。黄河流域的高质量发展必须以保障和改善民生为重点。出于历史、自然条件等原因,黄河流域经济社会发展相对滞后,是我国贫困人口相对集中的区域。党的十八大以来,流域民生保障建设进程加快,不断取得新成效。进入新时代,在提高保障、发展民生方面,黄河流域任重道远,曙光在前。

第一节　持续脱贫攻坚，缩小发展差距

自 2015 年以来,通过共同努力,黄河流域贫困群众收入水平大幅度提高,贫困地区基本生产生活条件得到持续改善,贫困地区经济社会发展步伐明显加快,到 2020 年年底实现了现行标准下黄河流域农村贫困人口全部脱贫、贫困县全部摘帽。扶贫攻坚是在党的领导下中国特色社会主义建设的一项重大实践,当代中国的精准扶贫成就令世界瞩目。一方面,要努力巩固前期工作成果;另一方面,还要清醒认识黄河流域与贫困现象斗争的艰巨性与长期性,充分认识脱贫人口返贫致贫的风险,致力于消除贫困的土壤,建立起扶贫工作的长效机制。

一、黄河流域乡村贫困治理的艰巨性和长期性

2020 年年底,黄河流域生态扶贫工作的主要目标基本完成,但是局部地区在巩固减贫成果、实现生态经济协调发展方面存在动力不足、后续乏力的困境。同时,扶贫政策的精准性和系统性仍存在不足,生态脆弱地区贫困群体在能力提升方面缺乏持续支撑,尤其是黄河上游和中游地区面临着返贫、生态破坏以及路径依赖等方面的风险和挑战。

黄河流域生态环境脆弱,环境承载现有农牧业人口的能力不足,流域经济社会发展整体滞后,贫困面积广、贫困人口数量大、贫困程度深,是我国生态安

全保障和经济社会发展的重点和难点地区。在全国 659 个贫困县中,有 212 个分布在黄河流域中上游地区;在 2011 年划定的全国 14 个国家级集中连片特困区中,黄河流域的秦巴山区、吕梁山区、燕山—太行山区和大别山区也分别在列。2015 年,流域内农村贫困人口总数近 756 万人,占全国农村总贫困人口的 61%,是中国贫困人口分布较为集中的地区。

（一）生态自然资源禀赋薄弱，人口与自然之间矛盾不会短期内化解

黄河中上游地区生态脆弱,水土流失严重,降水量不足,地表支离破碎,地貌沟壑纵横。其中,吕梁山贫困连片区水土流失面积达 277.2 万公顷,占其国土面积的 76.5%。自然资源禀赋严重制约了农业的规模化生产和产业化经营,农业生产经营方式落后,农产品转化不足。县域经济缺乏活力,新增就业机会不足,城镇化率普遍低于全国平均水平,城镇功能弱,辐射带动农村发展的能力不足。农村劳动力转移就业压力大,经济社会发展受土地制约明显,人地矛盾突出。其中,大别山贫困连片区每平方千米有户籍人口 548 人,与自然条件相比人口密度过载;人均耕地和人均林地面积仅为全国平均水平的 79.6% 和 22.5%,农民增收困难。

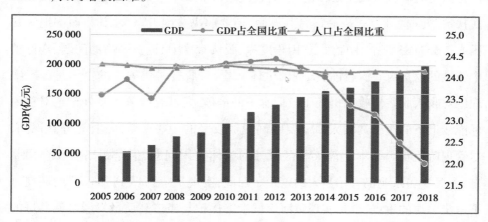

图 9.1　2005—2018 年黄河流域 GDP、常住人口占全国的比重

资料来源:中国统计年鉴(2006—2019)

（二）基础设施薄弱，交通制约突出

目前,黄河流域仍有一些贫困地区农村基础设施薄弱,部分地区工程性缺水十分严重。2016 年,大别山区等贫困地区有 40.2%的农户存在不同程度的饮水困难,基本农田有效灌溉面积仅为 37.5%,69.3%的农户仍旧面临饮水安全问题。部分乡村没有完成农网改造,省际、县际断头路较多,机场建设和航空运输发展滞后。流域内交通运输骨干网络不完善,综合交通运输网络化程度较低,影响了流域内各地区位优势和资源优势的发挥。同时,农村基本公共服务不足,人均受教育年限低于全国平均水平 0.9 年,科技支撑乏力。黄河流域人均教育、卫生支出仅相当于全国平均水平的 56%,教育设施普遍落后,师资力量不充足。部分农村地区医疗卫生条件差,妇幼保健力量薄弱,基层卫生服务能力不足。科技、金融、信息等服务业支撑发展能力较低。

反贫困工作是一项长期任务,绝对贫困率的下降只是测度标准固化下的一种表象,绝对贫困的消除并不意味着相对贫困的消失,相对贫困现象将长期存在。在黄河流域高质量发展的长期战略构架中,后脱贫时代工作的重点内容:一方面是巩固脱贫攻坚阶段的成果,解决地区发展不平衡的问题,逐步由"救济式扶贫"转向"开发式扶贫";另一方面,还要解决贫困人口,尤其是西部地区贫困人口分布密集、贫困面大、贫困程度深、脱贫难度大、返贫率高的问题,降低整个流域的返贫风险。目前,从贫困主体来看,后脱贫时代关注的主体是已经实现绝对收入脱贫但收入仍处于较低水平的群体,尤其是收入水平处于绝对贫困标准线上下的边缘贫困人口。要明确脱贫攻坚的一些遗留问题,充分意识到,尽管现阶段我国基本上消灭了区域性的整体贫困问题,但是距离实现全面脱贫、人民安居乐业仍有相当大的差距。因此,实现从"脱贫"到"防贫"的转变是下一步关注的重点,也是实现黄河流域生态保护与经济高质量发展协调共进的长期任务。

二、建立解决相对贫困的长效机制

收入水平是相对贫困最显性的表现形式，也是一个较为明确的衡量标准。相对贫困体现为个人收入与社会平均收入的差距较大，且相对贫困的标准根据各区域的经济发展水平体现出一定的差异和弹性区间。在脱贫攻坚取得历史性成就的同时，黄河流域要全力推进巩固拓展脱贫攻坚成果，与乡村振兴有效衔接，将扶贫工作由超常规举措向常态化帮扶转变、由阶段性攻坚向可持续发展转变，不断提高扶贫工作质量，并逐步建立起各项扶贫政策工具的长效机制，使扶贫工作成果经得起历史和实践检验。

（一）构建解决相对贫困的制度体系

首先，解决相对贫困问题，顶层制度设计是基础。要以保障相对贫困人口基本生活为基础，在加强普惠性、基础性、兜底性民生建设方面提供政策支持。政府在精准扶贫的顶层设计中，要将外在"输血式"扶贫与内部"造血式"扶贫相结合，以保障贫困群众的生存权和发展权，尽可能扩大贫困家庭、贫困人口的受惠范围。在统筹完善社会救助、社会福利、慈善事业、优抚安置等方面进一步加大政策扶持力度，创新公共服务提供方式。要合理运用产业扶贫、生态扶贫、易地扶贫搬迁、劳务输出扶贫等政策，瞄准贫困人口，因地制宜，分类施策。

其次，要分别从常态化保障、特殊群体保障和临时救助保障三个层面完善农村社会保障和兜底扶贫机制。2020 年年底，我国已脱贫人口中有近 200 万人存在返贫风险，边缘人口中还有近 300 万人存在致贫风险。要把相对贫困群众的社会保障兜底逐步纳入政府的日常工作。一方面，要不断改革完善社会救助制度，加快构建以基本生活救助、专项社会救助、急难社会救助为主体，社会力量参与为补充的多层次社会救助体系，逐步形成制度化的长效帮扶机制；另一方面，要尽快完善农村社会保障体系，针对相对贫困群体中仍然存在的各种不可控因素导致的返贫致贫，接续开展农村兜底保障扶贫工作。要在兜底保障体系中建立增长机制,以确保贫困人口的基本生活保障持续与经济社会发展水平相适应。作为解决"贫中之贫、困中之困、坚中之坚"的最后防线,兜住最困难的群众,保住最基本的生活,防止重新陷入绝对贫困。

（二）建立黄河流域脱贫与返贫监测、预警和考核评价机制

随着精准扶贫的全面实施,今后的扶贫工作除了重视深度贫困地区的贫困家庭,还应更加重视容易返贫的脆弱家庭,提高其应对风险的能力,降低贫困脆弱性。2021年3月,国务院扶贫开发领导小组引发了《关于建立防止返贫监测和帮扶机制的指导意见》,提出要建立防止返贫监测和帮扶机制,明确了监测对象、监测范围、监测程序和帮扶措施,加强对贫困的动态识别能力。

为了更好地防止脱贫人口返贫和边缘人口致贫,在下一步的黄河流域协调发展过程中,要建立起有效的防止返贫监测和帮扶机制,具体来讲,包括以下几个方面的任务:一是开展动态监测管理。通过对建档立卡的已脱贫但不稳定户以及收入略高于扶贫标准的边缘户进行摸底核实,建立黄河流域扶贫开发信息系统,实施动态管理。二是加强对监测对象帮扶措施落实情况的跟踪监测和效果评估,以可持续脱贫为标准,针对相对贫困人口的脱贫质量进行考核评价,及时发现和解决问题。

三、坚持底线思维，实现公共服务资源下沉

相比于绝对贫困,相对贫困更加隐蔽,对教育、医疗、信息、科技以及金融服务等公共资源具有更高的要求。城乡公共资源的均等化是扶贫政策长效机制的核心。黄河流域城乡区域发展和收入分配差距较大,民生领域还有不少短板,广大落后地区在就业、教育、医疗、居住、养老等方面依然面临不少难题。为了实现黄河流域全体人民共同富裕、安居乐业的发展目标,需要不断完善相对贫困地区的基础设施建设和实现基本公共服务的下沉。尤其要重视在基本公共教育、基本医疗卫生以及基本金融服务等方面向贫困边缘群体的供给和

倾斜。

（一）教育扶贫

2018 年，我国九年义务教育巩固率为 94.2%，但是由于辍学现象主要集中在农村，该数据隐含的农村基础教育状况仍旧不容乐观。农村教育贫困的显性原因是农村教育投资的不足，根本问题在于对贫困人口内生发展能力的提升不足。教育扶贫作为实现可持续减贫、永续脱贫的根本策略，能激发内生动力，有效阻断贫困的代际传递，成为一直以来我国扶贫工作的重要方式。与绝对贫困下教育扶贫的减贫特征相比，相对贫困下的教育扶贫在发挥公平性和益贫性的同时，更加强调农村优质教育资源配置、缩小城乡教育差距、提升贫困地区教育质量和推动乡村振兴，更加注重满足相对贫困主体的教育诉求，纾解贫困，实现人的可持续发展目标。近年来，黄河流域各地方政府根据实际情况发展教育扶贫措施，并取得了明显进步，有效改善了农村地区基础设施建设以及农村师资的紧缺状况。但是，乡村教育的痛点依然存在，教育质量不高的问题依然严峻，这也是今后黄河流域教育扶贫的重要着力点。

1.提升基础教育质量，维护农村教育公平

教育脱贫具有基础性、根本性的作用，是实现永久脱贫的治本之道，根本目的在于让每个孩子都能享有公平而有质量的教育，通过教育改变命运，获取社会层次上升的机会。

一是要加快城乡教育一体化进程。这是让每个贫困人口都能享有公平有质量教育的关键步骤。要进一步加大经费投入，改善农村教育条件，加强学校网络教学环境建设，共享优质教育资源。加快缩小黄河流域东西部、城乡之间教育差距，促进基本公共教育服务均等化。

二是提高贫困地区教师专业化水平。乡村教师是教育扶贫的先行者，根植于农村地区的生活体验赋予乡村教师在教育扶贫过程中的独特认知与主体价值。在城乡教育一体化建设中，要把提高扶贫教师专业化放在核心地位，多渠道多层次开展教育培训，提升教师整体素质能力。要从制度层面提高乡村教师经济收入和社会地位,改善贫困地区乡村教师待遇,落实教师生活补助政策,补充农村教师数量,增强教师职业吸引力,提高教师到偏远农村学校工作的积极性。依靠教师扶贫,首先要解决教师之贫。

三是在黄河流域农村地区建立开放、服务的教育管理体系,推动教育管理转向教育服务,构建自下而上的利益表达机制。不断增强社会力量在农村教育反贫中的自主性,促进农村教育与农村社会的融合,扩大农村社会对教育反贫的参与,形成地方行政机构与社会组织的良性互动与合作。

2.推进农村教育信息化、智能化

信息化时代下,大数据、多媒体、人工智能等先进技术的快速普及和应用,为教育扶贫提供了更强大的助力。在收集分析信息、选择扶贫对象以及制订教育扶贫策略、配置教育资源、评估教育扶贫效果等方面,信息科技的参与和利用必将激发教育扶贫新的发展动能。一方面,教育扶贫的信息化将会和市场机制产生更多的交叉,能吸引更多社会资金的投入,缓解当地财政压力;另一方面,远程教育的开展使知识资源突破了时间和空间的约束,有效弥补了贫困地区师资的不足,实现资源共享,逐步缩小黄河流域内东西部之间、城乡之间教育资源的差距,并赋予教育扶贫以更多的活力。因此,要把握好数字化、网络化、智能化融合发展的契机,积极推进互联网、大数据、人工智能同现实教育的深度融合,以信息技术推动传统教育变革和课堂的优化升级,推动教育教学模式和教育形态的根本性转变,带动弱势地区的教育发展,从而促进黄河流域乡村地区教育质量迈向新高地。此外,要大力推行"远程教育+电商"等模式,积极推动教育成果转化。

3.教育扶贫要以人为本,注重提升人口的内生发展能力

随着黄河流域扶贫工作的重点向相对贫困的转变,农村基础设施不断改善,贫困人口对教育的期待已经从"能上学"向"上好学"转变,对农村基础教育的内容以及培养方向也产生了不同的需求。实现农村教育的公平,在"起点公平"和"过程公平"以外,还要实现贫困边缘群体的"结果公平"。要充分考虑贫困人口对教育扶贫的需求变化，帮助困难群体追求社会属性，实现社会阶层的合理流动。对农村贫困人口的教育扶贫结果，既要关注成功升学，同时也要关注内生发展能力的培养，帮助扶贫对象在劳动力市场获得竞争资本。要积极推动职业教育发展，完善学历教育与培训并重的现代职业教育体系，面向企业和社会灵活设置特色专业、骨干专业，积极与企业对接，推动职业教育良性发展。

（二）健康扶贫

近年来，黄河流域广大农村地区合作医疗得到迅速发展，但是过程中还存在多种问题。流域内医疗资源的分布不均衡，主要体现在城乡之间农村医疗卫生水平差异较大，部分偏僻地区卫生设备匮乏、简陋，急病、重病无法在本地就医；医护人员匮乏，缺少有效培训交流机会，专业素质和业务水平偏低；治疗手段更新缓慢，缺乏与医疗业态前沿发展有效衔接，治疗方法得不到及时更新；部分贫困边缘人群因病致贫、因病返贫的社会基础尚未得到根本性改变。补齐贫困地区医疗服务短板，大力推动健康扶贫，让每一个人、每一个家庭都看得起病，不再因为疾病而陷入困境和绝望，是全面建成小康社会的应有之义。继续深化农村医疗体系改革，完善农村医疗体系的建设，是实现黄河流域社会和谐发展的一项基本任务。

1.加大农村医疗公共服务投入力度

2020年是我国脱贫攻坚的收官之年，但是相对贫困现象仍会长期存在。因病致贫、因病返贫是贫困边缘群体陷入贫困困境的主要原因之一。在后扶贫时代，应当进一步重视医疗兜底保障在建设和谐社会中的作用。首先，要从推动城乡公共医疗服务均等化着手，增加经济欠发达地区的扶持政策力度，逐步扩大农村地区公共医疗服务投入力度，努力实现各种公共医疗服务资源向贫困落后地区和弱势群体的下沉，补齐农村医疗基础设施和公共卫生服务的短板，为农村群众提供安全有效、方便价廉的公共卫生和基本医疗服务，解决长期以来的看病难、看病贵问题。

2.发挥农村医疗保障制度的扶贫功能

农村医疗保障制度是消除绝对贫困、减轻农民收入压力的重要途径。在黄河流域内,仍旧存在一定的特殊人群,比如收入略高于国家贫困标准线的贫困边缘群体,面临较高的健康风险,当遭遇一些突发性的疾病或者大病时,现有的农村医疗保障政策无法为他们提供充分的医疗保障。2019年年底,我国建档立卡的600万贫困人口中,因病致贫、因病返贫的比例占四成左右,远远超过其他因素。新形势下,推进农村医疗保障制度改革,实现医疗保障向弱势、贫困边缘群体的倾斜是摆脱因病致贫、因病返贫困境的关键。首先,要结合社会经济发展水平的提高以及物价等重要经济指标的变化,及时调整贫困标准的基数,将更多的贫困边缘群体纳入医疗扶贫保障的范围。其次,建立医疗保障体系各行政部门之间的衔接机制,提高运行效率。当前我国农村医疗保障体系主要包括新型农村合作医疗、新农合大病保险和农村医疗救助三个方面,三者之间行政体制不同,各部门之间缺乏有效的沟通衔接渠道,导致患者在申请、报销程序上较为烦琐,对贫困边缘群体存在较高的程序门槛,运行效率较低。要明确各部门的定位,建立制度化的沟通机制。最后,要建立健全医疗救助体系。作为新农合和大病保险的重要补充部分,现有的医疗救助资金来源渠道单一,政府财政补贴的力度较小且救助项目单一、救助病种少、资金缺口大,无法满足现有医疗救助的需求。要适当提高城乡居民基本医保的个人缴费标准,加大医疗救助、临时救助、慈善救助等帮扶力度;对贫困边缘群体统筹实施好基本医保、大病保险、医疗救助三重保障,树立底线思维,夯实医疗救助托底能力,合理界定救助范围、救助对象以及救助标准,提高救助水平。

3.提升医疗保险的兜底保障功能

现阶段,我国实行的农村医疗保险实际报销比重较低,且农村地区保险意识淡薄,医疗保险制度的施行效果仍旧存在较大的提升空间,医疗保险与精准扶贫之间的关系还需要进行更深层次的研究。首先,要合理发展门诊统筹,采取有针对性的门诊补偿,提高大病发生人群的实际报销比例,起到合理的扶贫保障效果。其次，随着我国医疗费用的逐年增长，要合理提高农村居民医保筹资标准，减轻参保群众的缴费负担。

（三）金融扶贫

金融扶贫是解决相对贫困及返贫的制度安排与政策工具，能有效解决扶贫资金供给和贫困人口自我发展能力不足等问题，是助力贫困地区实现可持续发展和乡村振兴的重要措施。截至 2019 年年底，全国行政村基础金融机构的覆盖率达到 99.2%，累计发放扶贫小额信贷 6 043 亿元，惠及 1 520 多万贫困户；产业精准扶贫贷款余额 1.41 万亿元，带动 730 万人（次）贫困人口增收；国家开发银行、农业发展银行累计发放易地扶贫搬迁专项金融债 1 939 亿元。其中，金融扶贫在支持脱贫攻坚和服务乡村振兴方面起到了不可替代的重要作用。同时，也要充分认识到，有些地方的脱贫成果尚不够稳固，返贫现象还将在一定程度上存在。在努力巩固金融扶贫成果的同时，还要充分重视金融扶贫的可持续性，金融扶贫工作在金融手段运用上急需完善，要注重金融扶贫模式的推广与产品的创新，着眼于建立长效机制，更加强调对服务对象的"赋能"。

首先，金融扶贫重在减贫的可持续性，而不是一蹴而就。随着经济的发展，贫困线的指标会不断发生变化，随着黄河流域东西部地区以及城乡之间社会经济发展差距的逐步扩大，扶贫也将是一项长期性的工作。因此，金融扶贫作为一种连贯性的专业服务，更需要关注可持续性问题，培育困难群体长效的内生发展能力。其次，金融扶贫的市场机制需要进一步完善。在"特惠帮扶"理念下，立足于"脱贫攻坚"目标，金融机构可以充分运用各类财政政策扶持和补贴，给予贫困群体特殊化、超常规、大力度的信贷倾斜，这种模式不具有长期性。而且，相关的风险补偿分担机制滞后，税收减免、财政奖励、费用补贴等后续优惠政策没有跟进，难以形成金融机构扩大扶贫业务的动力。长期来看，金融扶贫需要逐步摆脱对财政的依赖，充分借助市场的力量来平衡各种利益关系。最后，金融扶贫在监管方面的支持政策尚未落实，放宽扶贫贷款不良比率的容忍度缺乏明确的标准，信贷考核及责任追究制度尚未明确尽职免责条款，使商业银行贷款发放意愿不高。

下一步,要深入整合金融扶贫资源与力量,增加有效制度供给,进一步加强扶贫部门与金融机构的合作,引导金融资源对贫困地区的精准服务,形成多层次的金融扶贫体系。一是充分发挥开发性、政策性银行的政策优势,支持贫困地区交通、水利、易地扶贫搬迁等基础设施建设项目,努力改善贫困地区的生产生活条件;二是要充分发挥农信社、农商行、村镇银行等农村金融的空间优势,着力打通金融服务"最后一公里";三是充分发挥商业银行对接市场、信息灵活的优势,支持贫困地区发展特色优势产业,带动贫困人口脱贫致富。

1.建立、健全金融扶贫政策体系

要以完善金融扶贫政策为先导,强化扶贫政策的传导、措施推动,注重扶贫政策的长效机制。金融扶贫同时具备高风险和弱势性两种特点,在金融扶贫的政策框架内要突出政府财政资金的撬动作用,创新扶贫贷款的贴息和风险补偿办法,加大扶贫贷款的贴息和风险补偿力度。建立健全政策性金融扶贫组织体系、责任体系、产品体系、定点扶贫帮扶体系和精准管理体系。要突出扶贫贷款的质量和效益管理,明确扶贫贷款认定标准、规范认定材料和依据,建立扶贫贷款成效指标体系,提升扶贫信贷投向的精准性、资金使用的合规性和业务操作的规范性。

2.继续发挥政策性金融扶贫的保障功能

一是继续加强农村地区基础设施建设。基础设施落后,是农村脱贫的主要障碍之一。要不断加大对贫困地区交通、水利、电力等重大基础设施的支持力度,充分发挥国开行支持基础设施建设的传统优势,重点解决贫困地区"难在路上、困在水上、缺在电上"等问题,助力贫困地区改善发展环境,提升发展能力。围绕村组道路、安全饮水、环境整治、校安工程等难点和"短板",创新融资模式,增加信贷扶持力度,切实改善贫困群众生产生活条件。

二是继续推广生源地助学贷款业务。生源地助学贷款是利用金融手段完善我国普通高校的资助体系,加大对普通高校贫困家庭学生资助力度的重要措施。以"政府主导、教育主办、开发性金融支持"模式为基础，构建多方参与、风险共担、协同管理的助学贷款长效机制，以"不让一名学生因为家庭经济困难而失学"作为宗旨，坚持"应贷尽贷"，保障家庭困难学生公平受教育的权利。截至2019年年底，累计发放助学贷款1 957亿元，支持家庭经济困难学生1 334万人，覆盖了全国26个省（自治区、直辖市）、2 348个县（区）和教育部认可的所有高校。

三是进一步发挥政策性农业保险功能，减少自然灾害等冲击对农业生产的影响，稳定农民收入，缓解农民负担。政策性农业保险是国家支农惠农的政策之一，是一项长期的基础工作，需要建立长期有效的管理机制。目前，我国的农业保险立法进程缓慢，农业保险的法律保障体系薄弱，农户投保意识淡薄。近几年，上海、吉林、江苏、黑龙江等省（直辖市）各项试点工作逐步开展，但总体上还不规范、不平衡。要尽快完善农业保险法律制度，制定行之有效的政策，通过明确的制度化、法制化进程加快政策性农业保险的发展步伐。同时，要继续完善政策性农业保险的经营模式。黄河流域农村地区地域辽阔，农业生产情况差异较大，要统一进行农业保险的产品设计、管理和经营，建立政府主导和管理、市场化经营的政策性农业保险运作模式。

3.加快金融扶贫产品模式推广与产品创新

鼓励金融机构积极在产品、模式、服务方面因地制宜开展创新，力求最大限度地发挥扶贫信贷资金的效用。近年来，黄河流域各地结合自身的比较优势和产业特点，在金融扶贫产品模式创新方面开展了丰富的尝试和探索，并取得了积极的成效。

一是以生产经营带动脱贫。以山东的"富民生产贷"为例，每带动1名农村贫困人口，便给予生产经营主体5万元优惠利率贷款和3%的财政贴息。截至2016年年末，"富民生产贷"贷款余额32.90亿元，带动贫困人口7.43万人。要在这些创意的基础上进一步开拓思路，不断创新金融扶贫产品模式，切实帮助贫困户解决就业及增收问题。要持续增加涉农企业的中长期贷款供给，满足企业购置固定资产、优化产能、实现产业升级等长期投资的资金需求,助推产业发展,因地制宜,灵活创新政府担保基金、贴息、担保公司与产业的多种贷款组合模式。

二是积极创新信贷产品与服务,丰富涉农信贷产品品种。金融扶贫的服务群体包括农村新型经营主体、村集体经济主体以及农户,这种从不同维度的金融赋能体现出金融扶贫的"全链条"特征。针对新型农业经营主体、小微农户企业等不同需求主体的资金需求特点,提高金融扶贫信贷产品的精准性,个性化满足涉农信贷主体的资金需求。着重加强能够提升农户发展能力的信贷供给,培育农户的内生发展动力,提升金融扶贫的支撑作用。

4.建立精准高效的金融扶贫征信体系

精准高效的征信服务体系是开展金融精准扶贫的重要前提。精准、高效的征信信息有助于正确划分困难群体的信用等级,促进信贷资源的合理配置,减少道德风险,降低金融市场的整体性信贷风险。现阶段,黄河流域的金融发展水平分布不均衡,东部和中部地区金融发展水平较高,金融资源相对丰富,征信体系建设较为全面。西部地区金融资源密度较小,金融基础薄弱,征信系统发展滞后。从总体来看,黄河流域的扶贫组织管理机构与金融系统之间的联系和沟通较为薄弱,还没有实现信息的充分共享。征信系统的落后一定程度上制约了金融扶贫的精准性,并牺牲了部分效率,容易产生信贷失信的道德风险和法律风险。下一步,要发挥黄河流域各地方政府的协同发展功能,打破"信息孤岛",建设由征信机构、信息提供者、信息使用者、信息主体共同参与的一体化征信平台,构建先进、安全、高效的跨域征信体系。

一是要加快金融科技基础性、关键性技术的转化和应用,鼓励各类金融机构主动开发和运用金融科技的工具价值,将大数据、人工智能、云计算等数字技术应用到征信体系,开发适合当前金融环境的个人征信模型,以提高征信效率。

二是加强政府部门与电商企业、产业链、供应链企业的合作力度,建立内部征信数据与外部征信数据的共享通道,刻画贫困户群体的信用信息全景图像,建立起智能化、精准化的数字征信网络。

三是注重信息安全和个人信息保护。鉴于网络空间的开放性和互动性特征，要充分防范金融科技运用过程中可能带来的技术、业务、数据的多重叠加风险。确保金融安全是金融科技创新的生命线。在金融科技的运用中必须坚持产品创新与风险防范同步规划、同步实施、同步推进，使金融科技在可管、可控的前提下，更好地促进征信体系建设。

（四）产业扶贫

产业扶贫是脱贫攻坚的主要途径和长久之策，更是巩固脱贫攻坚成效、培育农村内生发展动力的关键。2019 年，国务院印发《关于促进乡村产业振兴的指导意见》，指出"产业兴旺是乡村振兴的重要基础，是解决农村一切问题的前提"。产业扶贫帮助贫困群众参与产业发展链条，依靠自身努力实现脱贫致富，是降低贫困脆弱性、消除致贫因素的根本保障。首先，产业扶贫有助于激发贫困群众的内生发展动力。从注重外在驱动扶贫转向注重依靠生产劳动致富，产业扶贫政策更加强调的是对贫困人群的赋权和赋能。通过发展特色产业、建立扶贫企业与贫困户之间的利益联结机制，产业扶贫调动广大困难群众的积极性，通过发展产业实现长期稳定的收入增长。其次，产业扶贫有助于扶贫长效机制的形成。产业扶贫所建立起的长期雇用、采购、参股等经济联系，使贫困户持续稳定地实现就业和收入增长；同时，职业技能培训使一些困难群众获得了社会提升的机会，有助于扶贫成果的巩固。最后，产业扶贫有助于促进农业产业结构的协调和发展，通过培育优势产业、扶持龙头企业、发展特色产业以及农业专业合作社等方式，推动农村信息、资金、技术以及人力资源的组织和整合，实现集约化、规模化、产业化发展，促进农村产业结构的不断优化和融合。

在推进黄河流域生态保护和高质量协调发展过程中，产业扶贫的目标应该与整个流域产业转型的方向相一致，与黄河流域乡村振兴的战略目标相协调。

1.因地制宜，合理选择产业扶贫发展定位与方向

首先，产业扶贫的项目选择必须充分结合当地的实际，重点考虑环境、气候、资源约束的影响,着重培育形成精品农业、绿色有机农业、现代服务业、乡村旅游等特色产业。坚持从黄河流域的资源环境实际状况出发,充分考虑贫困地区经济发展水平、贫困人口结构、致贫主要原因等因素,努力发掘区域优势资源,明确产业扶贫定位与方向,积极培育地区主导产业。

其次,产业扶贫的选择要侧重科技化、信息化。相对贫困地区要向第三产业倾斜,在产业扶贫中着重促进乡村旅游、生态康养、电商等产业的发展,保持产业的益贫能力的同时,保持贫困地区与国家产业结构调整的节奏相一致。

2.注重技能培训,培育内生发展动力

针对相对贫困群体,扶贫的重点要从物质帮扶向技术帮扶转变,"授人以鱼不如授人以渔"。要根据产业发展需求,加强贫困人口职业培训的实用性和精准性,提升贫困人口就业和创业能力,适应现代乡村旅游、电商、现代化农机代理服务等产业发展要求,防止贫困人口因能力不足导致与经济社会发展脱节。要坚持以技能操作为重点,根据目前人才需求状况,合理开设技能型人才紧缺的制造业、汽车、电子通信、建筑、物流、护理、旅游、商贸以及现代农业等相关的专业,切实提高农户的内生发展动力。产业扶贫既要求实效,又要着眼于未来。通过提高教育质量、开展职业培训以及岗位推荐等帮扶形式,努力降低贫困脆弱性,实现稳定脱贫不返贫。

3.推动完善利益联结机制,构建高质量农业产业联合体

产业扶贫通过农业龙头企业与贫困户签订劳务用工、土地流转和入股分红等协议,带动贫困户脱贫,并事实上形成了一种利益联结机制。以订单农业或合同农业为主要形式的"公司+农户"模式是最早出现的企农利益联结形式。在政府主导的政策引导和示范下,现阶段,我国形成了很多新的企业与农户之间的利益联结模式:股份合作模式、劳动投入模式、收益再投入模式、委托经营模式等,农户与企业之间的紧密型利益联结形式逐渐增加。但是在利益联结的模式设计和实践中仍存在一定问题:一是缺乏双方的利益调节机制。实践中贫困户往往处于明显的弱势地位,企业侵犯农民利益的现象时有发生,导致贫困户

的利益难以得到充分保障。二是缺乏激励约束机制，导致违约率较高，特别是对违约方缺乏有效的制衡机制。三是利益分配机制不合理，存在政府过度调节的现象。一些研究表明，在一些工商企业跑路的案例中，存在政府为企业背书的做法，干扰了利益分配机制市场化的形成。

推动产业扶贫发展，要进一步完善利益联结机制，充分发挥政府、市场、企业以及农户多方的积极性，建立合理的激励约束机制，在企业和农户之间真正建立起利益联结纽带。一是健全利益共享机制。要在已有基础上积极探索创新利益联结机制，重点发展股权式、合作型等更为紧密有效的农业产业化联合体，构建责任明确、利益共享、风险共担的命运共同体。二是坚持农民的主体地位，充分激发农民的积极性，保障农民合理分享产业增值收益，切实提升农民的获得感。

我们必须清醒地认识到黄河流域扶贫工作的长期性、历史性和复杂性，在消除绝对贫困后，缓解相对贫困将成为未来一项长期的重点任务。要将缓解相对贫困问题作为黄河流域扶贫工作新的政策周期的开始，以增强低收入群体的内生发展动力和自我发展能力为核心政策目标，进行常态化治理。要继续发扬精准扶贫的经验，逐步缩小差距，促进黄河流域经济社会协调发展，为实现共同富裕的远大目标努力奋斗。

第二节　实施乡村振兴战略，建设美丽家园

乡村社会是洞悉黄河流域高质量发展的重要窗口。人民日益增长的美好生活需要和不平衡不充分的发展之间的矛盾在乡村的表现最为突出。乡村振兴是实现黄河流域生态保护和高质量发展目标的重要前提和基础。乡村振兴战略于2017年10月18日在党的十九大报告中提出，指出农业、农村、农民问题是关系国计民生的根本性问题，把解决好"三农"问题作为全党工作的重中之重，实施乡村振兴战略。之后的中央工作会议明确了实施乡村振兴战略的目标

任务:到 2020 年,乡村振兴取得重要进展,制度框架和政策体系基本形成;到 2035 年,乡村振兴取得决定性进展,农业农村现代化基本实现;到 2050 年,乡村全面振兴,农业强、农村美、农民富全面实现。作为一项全局性、历史性的任务,乡村振兴战略为未来农村的发展指出了方向。

一、黄河流域乡村振兴取得的成就

(一)脱贫攻坚取得决定性进展

2020 年年底,黄河流域实现了现行标准下农村贫困人口全部脱贫、贫困村全部出列。

一是精准扶贫。通过精准扶贫工作机制,流域内各省市在精准识别、建档立卡的基础上,因地制宜,通过产业扶持、转移就业、易地搬迁、教育支持、医疗救助等多种措施对贫困人口开展分类扶持。由于黄河流域内各地区发展程度不均衡,东西部经济发展水平差异较大,贫困地区和人口在中上游地区集中度较高,因此各地区的扶贫工作在内容和形势上也体现出鲜明的适用性和创造性的特点。

二是搬迁扶贫。黄河上、中游地区地貌沟壑纵横,地表支离破碎,水土流失严重,下游滩区季节性洪涝,针对以上特点的贫困地区,扶贫措施集中在支持转移农牧业剩余劳动力和生态安置方面。通过转移就业方式,2019 年河南新增农村劳动力转移就业 45.8 万人,青海省农牧区劳动力转移就业 113 万人,助力减轻乡村环境承载压力。通过搬迁扶贫方式,2019 年河南 37.3 万贫困群众搬出深石山区,甘肃 49.9 万人通过易地扶贫搬迁住进安置房。

三是基建扶贫。修建乡村公路,打通断头路,改变贫困地区闭塞、停滞的困境。2019 年,山西、陕西、青海、宁夏、河南新建和改扩建农村道路分别达到24 500千米、12 000 万千米、5 807 千米、1 700 千米和10 200 千米,青海新建农村便民桥梁 152 座。山东省在前期农村公路交通实现"村村通"的基础上,2020

年年底全部实现"户户通"农村通户道路硬化。开展"厕所革命"，青海实现乡村厕所改造 7.5 万座，陕西新建农村卫生厕所 80.1 万座，内蒙古农村牧区卫生厕所普及率提高 6.3 个百分点，农村人居环境进一步改善。

（二）农业现代化水平显著提高

黄河流域的粮食产量持续稳中有升，为我国的粮食安全提供了重要保障（图 9.2）。在我国 13 个粮食主产区中，河南、山东和内蒙古都分布在黄河流域，其中，河南省农业生产发展强劲，小麦、油料、肉牛等产量稳居全国第一。2019 年，河南省粮食总产量达到 1 339 亿斤①，仅次于黑龙江省，居于全国第二，优质专用小麦、优质花生种植面积均居全国第一。山东省和内蒙古以 5 957 亿斤和 3 653 亿斤分别位居全国第三和第五。

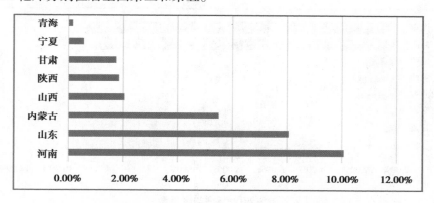

图 9.2　2019 年黄河流域 8 省（自治区）粮食产量占全国比重比较示意图

数据来源：《中国统计年鉴（2019）》

精准农业、智慧农业等新产业新业态蓬勃发展（图 9.3、图 9.4）。2020 年，河南省农业科技进步贡献率达到 62%，主要农作物耕种收综合机械化率达到 85%；山东省农业科技进步贡献率达到 64.56%，农作物耕种收综合机械化水平达到 87%，技术装备支撑能力明显增强，农业现代化步伐加快。

---

① 　1 斤 = 0.5 千克。

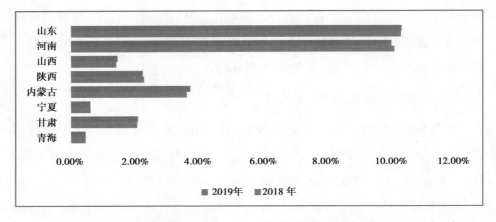

图 9.3 黄河流域 8 省(自治区)农业机械总动力占全国的比重

数据来源:中国统计年鉴(2018—2020)

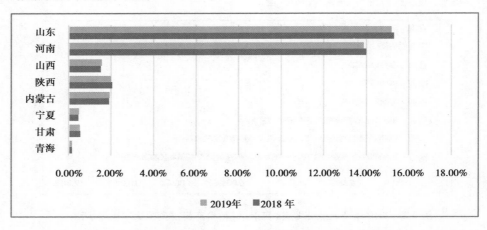

图 9.4 黄河流域 8 省(自治区)谷物联合收割机占全国的比重

数据来源:中国统计年鉴(2018—2020)

　　逐步形成优势特色农业发展格局。黄河流域生态环境资源差异显著,各地因地制宜开展多种农业生产模式。河南、山东、内蒙古等省份加快发展高效种养业,有计划地扩大高标准农田种植面积,2019 年,河南、内蒙古、山东分别新建高标准农田 590 万亩、144 万亩和 528.5 万亩,2020 年,山西、陕西、甘肃建成高标准农田 253.34 万亩、200 万亩和 260 万亩。河南、山东以及内蒙古分别结合地方自然条件和资源优势大面积开展了优质小麦、优质花生、优质草畜、优质林果等优势特色农产品基地。2020年，甘肃戈壁生态农业总量达到26万亩，利用膜下滴灌技术，使有限的水资源得到高效利用，戈壁农业年节水量达到40%以上。2019年，内蒙古自治区肉类总产量257万吨，11个农畜产品区域公用品牌入选2019年中国农业品牌目录。

（三）产业融合加速

黄河流域中下游第一、第二、第三产业融合加快，在提升粮食核心竞争力的同时，实现了粮食产业链、价值链和供应链的提升，面、肉、油、乳、果蔬农产品加工和贸易规模增长迅速。在2019年公布的全国农产品加工业100强企业名单中，山东、河南、内蒙古和陕西四省份分别有15家、6家、4家和1家入选。农产品加工业成为河南省经济总量的重要板块，全省规模以上农产品加工企业7 250家，营业收入、利润总额、上缴税金分别占规模以上工业企业的21.9%，28.1%和36%，营业收入居全国第二位，是全省第一大支柱产业。2020年，山东省农产品出口1 257.4亿元，占全国农产品出口的23.9%，连续22年居全国首位。

（四）生态保护与修复稳步推进

一是在黄河流域的上游地区，水源涵养得到进一步强化。青海省"中华水塔"的保护效力逐年提高，三江源草地整体退化趋势得到有效遏制，水源涵养量年均增幅在6%以上，长江、澜沧江干流水质稳定在Ⅰ类，黄河上游干流水质稳定在Ⅱ类以上，湟水河出省断面Ⅳ类水质达标率100%。2019年，青海省114万亩农作物在化肥、农药用量分别减少24.4%，21.3%的基础上，实现了丰产丰收，保护与发展相得益彰，人与自然和谐共生。

二是流域中上游地区的生态保护和修复力度逐步提高。通过经年持续的退耕还林还草、退牧还草、防风固沙、天然林保护以及防护林建设等国家重点生态工程项目，生态环境的修复产生了积极的效果。"十三五"期间，截至2019年年底，青海、陕西、山西、河南分别累计完成营造林1 242万亩、3 260万亩、1 899万亩和1 388万亩，森林覆盖率大幅增加，有效改善了区域气候和生态环境。

三是加强黄河中下游地区的环境污染防治(表 9.1)。各地加强大气污染治理,严格控尘、控煤、控车、控油、控排、控烧措施,各地重污染天数明显减少。全面落实河长制、湖长制,水环境质量稳中向好。加强土壤污染源头管控,土壤环境质量总体稳定。其中,山东省加强土壤管控和修复,受污染耕地、污染地块安全利用率达到 90%。内蒙古 2020 年 12 月底前,自然保护区内的工矿企业全部退出,自然保护区生态环境得到有效修复。

表 9.1 2019—2020 年秋冬季空气质量

城市	PM2.5 平均浓度			重污染天数		
	2018 年秋冬季(微克/立方米)	2019 年秋冬季(微克/立方米)	同比变幅(%)	2018 年秋冬季(天)	2019 年秋冬季(天)	同比变幅(%)
西安市	84	78	−7.1	27	20	−7
郑州市	89	71	−20.2	30	14	−16
济南市	74	67	−9.5	14	9	−5
太原市	74	71	−4.1	15	14	−1

资料来源:生态环境部

此外,截至 2020 年年底,山东省总投资 260.06 亿元,通过外迁安置、就地就近筑村台、筑堤保护、旧村台改造提升、临时撤离道路改造提升 5 种方式,实施黄河滩区济南、淄博、泰安、滨州、菏泽、济宁、东营等 7 市居民的迁建工程,规划建设 42 个新社区,安置 4.21 万户、14.1 万人,初步解决了 60.62 万滩区居民的防洪安全和安居乐业问题。

二、黄河流域乡村振兴战略面临的挑战

从历史的角度来看,乡村的衰落是一个世界性问题,是工业化和城镇化进程所伴生的社会现象。20 世纪 60 年代开始,通过探索实践本国的乡村振兴战

略,许多发达国家相继开始建设对乡村更为友好的宏观环境,鼓励乡村社会经济发展,开展自然资源的可持续管理,实现乡村繁荣,促使城市与乡村达到新的平衡。把乡村振兴纳入国家总体发展战略,从根本上解决城乡差距和发展不平衡、不充分的问题,是国家实现工业化和现代化的重要前提和基本路径。从发展的角度来看,乡村振兴战略是我国立足新的历史起点,在激烈变革的世界发展潮流中抓住机遇、实现建设中国特色社会主义目标的必然选择。2019 年年底,全国农村人口占总人口的比重为 39.4%,黄河流域农村人口的这一比例为 42.4%,其中甘肃省农村人口占总人口的比重超过了 50%(图 9.5)。农业和农村是黄河流域社会经济发展的根基,乡村兴则国家兴,乡村衰则国家衰。实施乡村振兴战略,是实现黄河流域生态保护和高质量发展至关重要的环节。

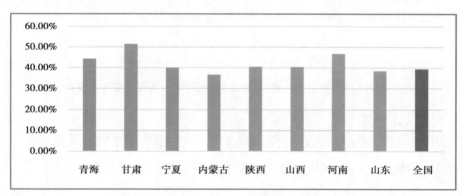

图 9.5　黄河流域 8 省(自治区)及全国乡村人口占总人口的比重

数据来源:《中国农村统计年鉴.2020》

从黄河流域生态保护和高质量发展的目标来看,农业农村基础差、底子薄、发展滞后的状况尚未根本改变,发展不平衡不充分问题在乡村尤为突出。

（一）农村经济基础较差，实现高质量发展的经济势能不足

从农村人口的收支状况来看,2019 年流域内 8 省(自治区)农村地区人均可支配收入普遍偏低,除山东省达到 17 775 元以外,其他 7 个省(自治区)农村人均可支配收入均低于 16 020 元的全国平均水平。陕甘宁农村地区是黄河流

域农村地区平均收入水平最低的 3 个区域,其中,甘肃 2019 年农村人均可支配收入仅为 9 628.9 元,也是全国唯一一个农村人均可支配收入不到 10 000 元的省份(图 9.6)。城乡居民收入的绝对差距仍然较大,促进农民持续增收的机制还不够完善。

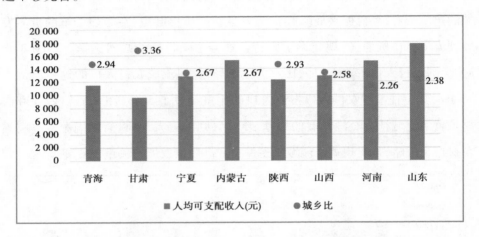

图 9.6 2019 年黄河流域 8 省(自治区)农村居民人均可支配收入及城乡比

数据来源:《中国农村统计年鉴.2020》

2019 年黄河流域内 8 省(自治区)农村人口的消费水平也呈现相似的分布特点,除内蒙古自治区以外,其他省份的农村人均消费均低于全国平均水平(图 9.7)。国民经济发展的城乡之间差距、东西部之间差距都很突出,尤其是两种因素在流域上中游地区的叠加作用,使流域上游四省的农村地区发展严重滞后。部分地区还存在大量的相对贫困人口,农村地区形成良性发展机制还需要相当大的努力。

(二)农业产业发展的结构性矛盾突出,发展不充分

一是传统农业优势有限,粮食等大宗农产品生产效益低、缺乏竞争力。农业特色产业资源丰富但深度开发利用水平较低,多数地区建设了各种模式的农业种植基地,有规模但生产效益低、产品质量好但市场知名度和占有率低,农业产业整体效益较低。

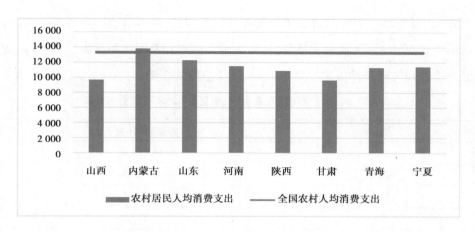

图 9.7 2019 年黄河流域 8 省(自治区)及全国农村居民人均消费支出

资料来源:《中国农村统计年鉴.2020》

二是农村第一、第二、第三产业融合发展深度不够,农村新型产业体量小、档次低,尚未形成主导势力,对农业农村经济支撑乏力。各种田园综合体、农村电商等新业态刚刚起步,辐射带动力度不足。此外,农产品阶段性供过于求和供给不足并存,农业供给质量效益和综合竞争力亟待提升。

(三)农村基础设施和公共服务滞后

中小型农业基础设施投资严重不足,且由于相关技术水平和管理能力低下,农业基础设施利用率较低。流域内交通、水利、信息等基础设施的建设滞后于农业生产规模的增长速度。一些农村基础设施老化,部分西部地区还没有实现县县通高速、市州通铁路和自然村通硬化路。城乡基本公共服务和科技创新能力差距巨大,城乡之间要素合理流动机制亟待健全;农村基层基础工作存在薄弱环节,乡村治理体系和治理能力还需要提升。

(四)水资源紧缺和生态环境问题尚未有效解决

黄河流域气候条件复杂、生态系统多样,随着近年来社会经济的快速发展,水资源数量和质量在空间和时间上不平衡的矛盾不断加剧。河北、宁夏和山东3 省(自治区)是水资源最匮乏的地区,其中,河北、宁夏人均水资源量不足 200

立方米(表9.2)。下游的山东作为工业和农业大省,降水季节性分布很不均衡,全年降水60%~70%集中于夏季,易形成涝灾,冬、春及晚秋易发生旱象,特定的地理位置和气候条件决定了洪旱频发、旱涝急转的态势,对农业生产影响很大。

表9.2 2017年黄河流域各省(自治区)人均水资源量统计表

全国	人均水资源量(立方米)
青海	13 188.9
内蒙古	1 227.5
甘肃	912.5
河南	443.2
山西	352.7
山东	226.1
河北	184.5
宁夏	159.2

资料来源:《中国统计年鉴(2018)》

总体来看,虽然面对的各种风险挑战非常明显,但黄河流域乡村经济长期乐观的基本趋势没有变;展望黄河流域乡村的未来发展,尽管多重任务叠加繁重,但政策利好密集释放,动能优势加速蓄积。在乡村振兴战略的引导下,黄河流域社会经济已经展现出稳中求进的发展趋势,必将坚定迈向高质量发展和现代化建设的新局面。

三、全力推动黄河流域乡村振兴

实施乡村振兴战略,是新时代黄河流域必须坚定扛起的重大历史责任,也是推动高质量发展的重大历史机遇。面对农业农村发展的战略机遇和严峻挑战,需要乘势而上,加强规划引领,按照产业兴旺、生态宜居、乡风文明、治理有效、生活富裕的愿景目标,统筹推动乡村振兴、人才、文化、生态、组织等各方面的发展,加快促进城乡融合,推动农业农村现代化。

（一）重塑城乡关系，促进城乡融合

实施乡村振兴战略，不能把城市和乡村对立起来，而是要作为一个整体进行规划和发展，统筹布局城乡产业发展、基础服务的设施建设，能源开发与环境保护，构建与资源环境承载能力相匹配、生产生活生态相协调的农村空间发展格局，形成分工明确、梯度有序、开放互通的城乡空间。

一是推动城乡规划的一体化。实现多规合一，加快城乡产业发展、基础设施、公共服务、资源能源、生态环境保护等一体化进程。强化土地利用总体规划的管控和资源环境承载能力的限定，统筹协调生产、生活、生态空间土地资源开发利用布局，引导土地等生产要素合理配置。

二是以人为本，以基本公共服务均等化为关键，构建黄河流域城市群、大中小城市、小城镇和农村新型社区等立体式的空间载体，提升城镇人口的集聚功能。发挥小城镇地域优势，打造成农业转移人口市民化的重要平台。

三是促进城乡要素自由流动，并引导各类资源向乡村汇聚。合理放宽对工商资本下乡的限制，鼓励城镇工商资本带动人力、财力、物力以及先进技术、理念、管理等进入农业农村，推动农业产业发展，同时也要坚持保护农民利益。

四是不断完善农村土地制度，促进土地集约节约利用，提高农村资源要素的流动性，盘活农村闲置土地，挖掘土地要素潜能，为推动乡村振兴拓展土地空间。此外，积极探索农村土地"三权"分置的有效实现形式，提高耕地规模化耕种面积的比重。以山东省为例，2018年全省土地流转面积达到3 589万亩，土地流转率为38.69%，土地的集约化利用显著提高了农业生产率，山东省农林牧渔业连续多年位居全国第一。

（二）加快黄河流域农业现代化发展

随着我国社会经济技术的进步，农业的发展进入了一个新阶段，其基础地位和作用正在被重新界定。农业除了作为基本民生保障的不可替代性以外，农业提供的粮食安全重要性将不断增强，农业的功能将不断延伸，从生产向生活

和生态功能不断扩展,对人类生活品质的重要性不断提高。此外,农业的内涵和功能都发生了变化,第一产业劳动力占比逐渐降低,农业发展模式从满足温饱、提高土地生产率为主,转向彰显乡村价值、提高农村劳动生产率为主,表现出强烈的向现代化转型的趋势和要求。进入新时期,要深入推进农业供给侧结构性改革,加快构建现代农业体系,持续提高农业创新力、竞争力和全要素生产率,夯实黄河流域的现代农业基础。

一是提升粮食核心竞争力。在土地方面,要加强流域内耕地保护和质量建设,继续扩大高标准农田种植范围,提升农业科技装备水平,提高土地产出率、资源利用率和农业劳动生产率,保障粮食和主要农产品有效供给。设备方面,提高农业生产效率,推动主要粮食作物全程机械化生产,提高耕种收综合机械化率。推广应用现代化、智能化设施装备,加大秸秆还田、农业节水技术研发和装备产业化发展,支持畜禽规模养殖场进行标准化生产改造和智能化设施提升。从国际上来看,机械化和适度规模的家庭农场会降低生产成本,从而提高竞争力,同时,也为农村提供了新的就业前景。

二是发展优势特色农业。特色农业是农村未来的一个重要的发展趋势。黄河流域地域辽阔,自然资源千差万别,农业的区域性特点决定了因地制宜开发特色农业的必要性,并且成为确保农业增效、农民增收的最佳选择。黄河中下游地区适合发展高效种养业,目前已经建立起一定规模的优质小麦、花生、林果、蔬菜、花卉苗木、茶叶、食用菌、中药材、水产品、烟叶等优势特色农产品基地。其中不乏出现了一些集种苗繁育、种植、存贮、加工、销售、休闲采摘及观光旅游于一体的现代农业产业化龙头企业。在此基础上,要继续推广质量兴农、绿色兴农、品牌强农的发展意识,延伸粮食产业链、提升价值链、打造供应链,强化农产品质量安全监管,逐步推进面、肉、油、乳、果蔬等产业转型升级。首先,积极培育特色农产品,根据流域各地区的农业资源和生产条件基础,不断深挖农业特色资源,与当地生态环境保护相协调,促进特色农业的可持续性发展。其次,培育特色农业的新型经营主体,重点培养一批龙头企业、家庭农场、种植大户,发挥示范引领作用,带动农户共同致富;同时发展、建立新型社会服务体系,提高特色农业发展的上下游服务和社会支持。最后,通过建立特色农业产业园区实现特色农业的产业集聚,提升特色农产品的市场竞争力,降低生产成本,实现规模效应。

三是加快农业现代化发展,加大农业科技推广力度。农业发展的根本出路在于科技进步,科技创新体系犹如给农业插上科技的翅膀,以技术的进步引领农业高质量发展。目前,我国农业科技的前沿和共性关键技术的研究包括农业生物制造、农业智能生产、智能农机装备、设施农业等关键技术和产品。黄河流域亟待开发一批有关节水农业、循环农业、农业污染控制与修复、盐碱地改造、农林防灾减灾等关键和实用技术,促进资源的利用率、土地产出率和劳动生产率的提高。此外,要建立成果转化激励机制,加快农业科技成果推广和转化应用,为农业发展拓展新空间、增添新动能,引领农业转型升级和提质增效。

四是加快农业信息化建设。信息化是农业产业化的催化剂,具有按市场机制和市场需求决策农业、操作农业的基础性作用。黄河流域中上游地区在农业信息化方面起步较晚,需要充分利用计算机技术、地理信息系统、网络技术及数据库技术建立农业产业化信息支持系统,有效地将市场、政府部门、企业与农户联系起来,满足农户、龙头企业的信息需求。要加强"智慧农业"建设,实施"互联网+"现代农业行动,推进物联网、云计算、大数据、移动互联等技术在农业领域的应用,建立农业数据智能化采集、处理、应用、服务、共享体系。

四、以绿色经济带动乡村致富

生态环境已经成为制约黄河流域经济增长的要素,而良好的生态环境已经成为一种公共财富。实现乡村振兴,首先要在农村人口生存条件和福利平等的基础上,对农村生产关系进行调整,建立新的技术经济范式。结合黄河流域现实生态资源禀赋的特点,实现乡村振兴,需要把经济发展和全流域的生态保护充分结合起来,实现人与自然之间可持续的协同发展。

一是培育壮大生态经济。生态经济以产业生态化、生态产业化为目标,推动生态与农业、工业、文旅、康养等产业深度融合,包括生态旅游、生态畜牧、医疗康养、节能环保以及清洁能源等产业,提升生态农业附加值与竞争力,拓宽生态产品价值实现路径。其中,休闲农业和乡村旅游是黄河流域短期内增长比较迅速的部分,也是融合第一、第二、第三产业,联系城乡工农的新业态、新产业。近几年,黄河流域各地以农业供给侧结构改革为主线,兴起了各具地方特色的休闲农业和乡村旅游。2019 年,甘肃省接待国内外游客 3.74 亿人次,实现旅游综合收入 2 680 亿元,分别增长 24% 和 30%;青海省旅游人次突破 5 000 万,旅游总收入增长 20.4%;山西省旅游总收入、接待国内旅游者人数也分别增长了19.3% 和 18.5%,服务业占地区生产总值比重连续 5 年保持在 50% 以上。从产业内涵上看,乡村旅游已涵盖到文化传承、艺术结合、生态保护等多个层面,为当地农村增加了许多就业岗位,从农民增收方面表现出明显的多功能性。

二是发展循环经济。循环经济是以资源的高效利用和循环利用为核心,具有较高生态效率的新的经济发展模式,对于黄河流域在现行条件下实现可持续发展具有重要的价值。要在开展绿色勘查、厘清黄河流域资源家底的基础上,利用循环方式有效保护地下资源、科学开发地上资源。在农牧业生产过程中,坚持"种养结合、农牧互补、草畜联动、循环发展"理念,向资源节约型、环境友好型和生态保育型循环生产方式转变。在产业发展方面,坚持"减量化、再利用、资源化",推动生产方式循环化改造,构建低消耗、低排放、高效率、高产出的循环产业集群,努力形成资源循环利用和生态环境保护相得益彰的经济结构和产业布局。

三是积极利用新能源开展设施农业。设施农业是在环境相对可控条件下,采用工程技术手段,进行动植物高效生产的一种现代农业方式。黄河流域人均耕地面积相对较少,发展设施农业是解决流域人多地少问题的一个非常有效的技术工程。2012 年开始,我国设施农业面积即已经占世界总面积的 85% 以上,黄河流域的设施农业发展较早,下游地区,包括河南、山东等地,主要以聚烯烃温室大棚膜覆盖为主；上游地区除了传统的温室大棚，还利用太阳能发电，广泛开展了光伏农业，即将太阳能发电、现代农业种养和农业设施三者高效结合的产业形态，可以实现一地多用，提高单位土地产出率，最常见的就是光伏农业大棚。这种农业生产的模式既不改变土地的性质，又能高效利用土地资源、科学利用太阳能资源。甘肃、宁夏、内蒙古的沙漠、戈壁和荒滩，都相继兴起了粗具规模的光伏农业项目，部分地区还把光伏农业和观光旅游结合起来，利用田园景观和生态农业经营模式，提高土地的单位产出，增加农户收益，实现最大限度地利用资源，增加生态和社会收益。

五、推动产业创新和业态创新，拓展农民增收空间

实现乡村振兴，最终要体现在农村居民收入的稳定增长和就业的持续扩大。结合目前黄河流域农村的人口和资源条件，要深度挖掘乡村的潜力，创新农村产业融合发展机制，推动产业创新和业态创新，拓展农民就业增收的新空间。

黄河流域历史悠久，文化底蕴丰富，文化资源雄厚，旅游资源广泛分布在流域的大量农村地区，这也是推动乡村文化旅游产业的良好基础。要实现重点景区文化旅游资源向周边地区扩散，延伸旅游产业链，形成多业态集聚的乡村旅游带和集中片区。充分挖掘乡村生态涵养、历史文化、自然风光等特色资源，培育乡村休闲观光、健康养生、农事体验等产业、业态，构建环城市的乡村旅游圈。

新产业、新业态的发展需要打通农村生产经营方式与广大市场的传统屏障，电子商务近年来在推广农产品、农村工业品、乡村旅游及服务产品方面逐渐发挥了越来越明显的作用。目前我国农村电子商务的发展方兴未艾，要聚焦黄河流域农村产品的上行，完善农村产品的标准化、生产认证、品牌培育、质量追溯等综合服务体系，形成高效的服务农村产品上行功能的物流配送体系。要推进农村电商服务站点建设，打通农村电商的"最后一公里"，利用电子商务的效率和功能，推动黄河流域各地传统农特产品、加工技艺和老字号品牌走向更广

阔的市场空间。

六、加强乡村基础设施建设，突破发展瓶颈

改革开放以后,我国开展了规模空前的农村基础设施建设。许多研究结果显示,农村基础设施的投入,尤其是能够提升劳动力交易效率、促进农业生产的基础设施,比如道路、灌溉等,能够促进非农就业,并且这种作用会在很长的一段时间内持续并强化。[①] 这对于缓解黄河流域长期存在的农村剩余人口与环境承载能力不足之间的矛盾具有重要意义。同时,乡村基础设施的完善也是提升农村生产效率、生活品质的重要基础。

一是农村交通、水利、电力方面的基础设施建设。铁路和公路运输是物资最高效的流通渠道,是黄河流域经济发展的主动脉。要加快流域内国家铁路网、国家高速公路网的贯通连接,提高、统一各地国道、省道技术标准,构建农村地区外通内联的交通运输通道。尤其是在黄河上游部分铁路、公路建设还相对落后的地区,需要持续扩大财政对农村公路建设的转移政策,加强农村公路安全防护和危桥改造,推动一定人口规模的自然村通公路。

二是进一步完善流域灌溉、节水改造等水利设施的建设。目前为止,黄河流域仍有部分农村地区水资源短缺、水源水质差,饮用水水源地缺乏保护和农村饮水安全设施不完善等问题还很突出,饮水安全保障相对于全国农村饮水安全工程进展滞后。要提升这些地区的饮水安全,需建立水资源动态配置系统,提高饮水安全设施的投资和工程管理水平,强化水源地保护与监测,全面维护流域内农村地区的饮水安全。

七、传承黄河文明，提升乡村文化

黄河流域底蕴深厚、文脉绵长;黄河人民勤劳智慧、崇信尚义、坚忍果敢。

---

① 骆永民,骆熙,汪卢俊.农村基础设施、工农业劳动生产率差距与非农就业[J].管理世界,2020,36 (12):91-121.

传承黄河文明，提升乡村文化，是历史赋予的责任，也是促进黄河流域全体人民众志成城，努力建设美好未来的凝聚力和向心力。

首先，要注重历史文化遗产的保护传承。深度挖掘齐鲁文化的沉厚内涵，提升儒家文化的影响力，将儒学这一世界文化瑰宝守护好、传承好、发扬好。提升根亲文化、古都文化、戏曲文化、中药文化、老庄文化、伏羲文化等中原文化影响力，发挥丝路文化的高度文明吸引力。其次，深入挖掘黄河农耕文化蕴含的优秀思想观念、人文精神、道德规范，充分发挥其在凝聚人心、教化群众、淳化民风中的重要作用。划定乡村建设的历史文化保护线，保护历史文化名镇名村、传统村落、传统民居、文物古迹、农业遗迹、灌溉工程遗产。实施非物质文化遗产传承发展工程，完善非遗保护制度，支持豫剧、曲剧、越调等优秀戏曲、曲艺、杂技以及民间文化艺术等非物质文化遗产传承发展。弘扬焦裕禄精神、红旗渠精神、大别山精神，用好红色文化资源，传承红色文化基因。

八、保护乡村生态环境

要达到人与自然和谐共生的境界，首先要注重对环境的保护。黄河流域生态保护是一项长期的任务，需要系统科学地实施黄河流域水源涵养提升、水土流失治理、湿地生态系统修复等工程，建设沿黄生态廊道，促进沿黄资源要素集中集聚、产业绿色发展。

一是进行生态保护治理。以"让黄河成为造福人民的幸福河"作为目标，黄河上游重在保护、要在治理。要强化上游意识，担好上游责任，逐步推进黄河流域的山水林田湖草综合治理和源头治理，突出甘南黄河上游水源涵养区和陇中陇东黄土高原区水土流失保护治理两大重点，开展沙化退化草原巩固治理工程，加大黄河支流的生态保护力度，强化祁连山水源涵养保护，推进实施一批重大生态保护修复和建设工程。

二是加大生态保护和修复力度。要推进祁连山、渭河源区、"两江一水"等重点区域的生态治理，提高自然保护区建设。推进河西走廊重点沙化区域生态保护治理,实施退耕还林还草、退牧还草以及天然林保护等生态工程。

三是综合实施蓝天碧水净土工程。抓好工业、燃煤、机动车、扬尘等重点污染源治理。实施"散乱污"企业综合整治,完成火电行业超低排放改造。全面落实土壤污染防治行动计划,强化重金属污染风险管控与修复治理,开展涉镉等重金属污染企业排查整治。要全力守护好净土,继续开展化肥减量增效、农药减量控害行动,加快废旧地膜回收处理,加强土壤管控和修复,提高土地安全利用率。

第三节 补短板、惠民生,大力推动基础设施建设

基础设施是国民经济和社会发展的基石,加快推动基础设施建设是黄河流域高质量发展的重要推动力量。新时期,基础设施的发展方式、动力和路径正在发生改变,由粗放型、要素驱动和规模扩张逐渐转向集约型、创新驱动和提质增效。黄河流域基础设施建设总体不足,区域间差异较大,情况复杂。需要统筹协调好存量与增量、"新基建"与"老基建"、有效供给与动态需求等关系,以补齐短板、优化升级、融合共享为着力点,加快构建集约高效、经济适用、智能绿色、安全可靠的现代化基础设施体系,为黄河流域的经济建设和民生发展提供强有力支撑。

一、目前黄河流域基础设施发展存在的主要问题

近年来,黄河流域交通基础设施日趋完善,能源保障能力逐步提升,区域水利工程建设不断推进,信息等新型基础设施建设取得重大成效,但也面临规划顶层设计不足、资金缺口问题严重、"交通末梢"短板明显等制约因素,基础设施的建设质量以及对经济社会的支撑能力仍存在不足,与经济高质量发展目标要求还有一定的差距。主要表现在:

一是规划顶层设计不足。传统基础设施建设薄弱环节较多。基础设施网络结构不够完善，区域间、城乡间、不同消费群体间、新旧业态间发展不平衡问题仍然突出。黄河流域交通基础设施存在一定程度的两极分化，形成了以济南—青岛、郑州、太原—呼和浩特、西安、西宁—兰州为核心的圈层状分布格局，呈现出"东高西低"的总体态势。整体上看，黄河流域城市之间的联系相对薄弱，尚未形成高效快捷的交通运输网，区域间交通运输的滞后导致区域间经济发展联系的削弱，并在宏观格局上呈现出相对失调的局面。在空间结构上，流域东部地区和城市的基础设施网络密度和设施等级均远高于西部地区和农村地区。从流域内城市群的分布角度来看，山东半岛城市群和中原城市群交通网络的高密度设置，使这两个城市群内部实现了良性互动和优势互补，经济呈现出高水平发展的趋势，但是周边地区在交通设施落后、地理位置偏远、经济基础薄弱等因素的影响下，社会经济呈现出粗放发展的相对态势。

二是基础设施产业发展分散化，基础设施的规划、建设、运营、维护以及上下游关联业务领域缺乏紧密衔接，信息沟通不畅，一定程度上造成了效率损失。即便是在同一区域内部，各个基础设施项目孤立建设，不能与其他项目很好地协调，很难形成城市基础设施建设的闭环结构。基础设施建设项目之间存在一定的重复建设、资源浪费的现象。同时，交通、物流等基础设施领域的体制机制还不够健全，存在部门分割、条块分割现象，市场在资源优化配置中的作用尚未得到充分发挥。

三是新型基础设施建设滞后，部分领域关键核心技术存在瓶颈约束，基础设施的智能化、工业化和绿色化发展整体水平亟待提高。此外，基础设施领域"重建设轻管护""重硬件轻软件"和"重形象轻质量"等现象比较普遍，缺乏长期谋划和全局视野。此外，在智慧城市建设方面还有相当大的提升空间。城市运行的公共服务平台急需实现基于数字技术的互联开放，需要在信息化建设、电子政务、电子商务、城市规划管理、灾情监测评估、应急指挥决策、公众生活等方面，进一步加强科技投入，提供全面、准确、及时的信息服务，提升城市运行水平。

二、加强黄河流域基础设施建设的建议

当前,新一轮科技革命和产业变革正在兴起,以 5G、大数据、云计算、物联网、区块链、人工智能为代表的新一代信息技术以及新材料、新工艺、新能源在基础设施领域的广泛应用,将对基础设施建设的发展产生革命性的影响。一方面,传统基础设施将加快转型升级和更新换代,朝着数字化、智能化方向快速发展;另一方面,基于 5G、人工智能、物联网等新一代信息技术的新型基础设施将会成为主体,适用于智慧感知、人工智能、万物互联等应用场景的现代基础设施体系将成为引领未来经济社会发展的重要支撑。这些变革既是压力,同时也是提质增效、实现黄河流域基础设施建设跨越式发展的契机和时间窗口。要抓住机遇,提早布局,加快全流域基础设施建设的网络化、现代化发展。

(一)推进综合一体化交通运输体系

首先,建设便捷贯通的高速公路网络。经济一体化发展需要实现基础设施的互联互通。公路网络堪称交通设施的毛细血管,要尽快打通各种"断头路",提升公路通达能力,完善城际高速公路网络,提高路网通行服务水平。

其次,加强城际轨道交通互联互通。城际轨道交通的发展将为相邻城市之间生活和工作提供一种新型模式,对于优化城市格局,缓解城镇密集地区的交通问题具有重要意义。北京至天津、南京至上海、广州至珠海等城际轨道交通的建成已经深刻改变了区域发展格局。目前,黄河流域各个城市群中,空间功能格局正在发生调整,同城化出行的需求进一步增加,同时,区域间快速便捷跨越城市的需求也在不断增加。要增加黄河流域城际轨道交通枢纽群的建设,增加枢纽城市数量,支持更多的中心城市成为国家干线铁路、城际线路和城市内部轨道交通之间实现互联互通的支撑。构建以轨道交通为骨干的城际交通网,实现中心城市间 1~1.5 小时快速联通。

最后，共同打造黄河流域机场群建设，推广海陆空多式联运模式。发挥枢纽机场对周边区域的资源集聚和辐射带动作用。深化机场群之间在航线开放、运营管理等方面开展合作，加强空港物流园区与港口特殊监管区的衔接与协作，开展海陆空多式联运业务。提升机场国际枢纽功能，融入民航"世界级机场群"发展战略，拓展洲际通达网络，加大上合组织国家、"一带一路"国家洲际直航航线开发力度，持续拓展航空网络辐射能力。继续新增或加密沿黄流域重点城市的航线航班，加快布局全国航空货运枢纽间的全货机航线，打造黄河流域辐射全球的枢纽空港。拓展"空空+空地"货物集疏模式，加快发展国际中转、配送、采购、物流，提升"一带一路"倡议的辐射带动能力。

（二）提升能源互济互保能力

一是加快区域电网的建设。共享跨市电网数据、信息资源，促进流域内要素的有序流动，共同探索建立统一的电网数据对接标准和数据全面共享机制。要推进电网建设改造与智能化应用，优化输电通道建设，开展区域大容量柔性输电、区域智慧能源网等关键技术攻关，开展泛在电力物联网建设，促进黄河流域电力物联网联合趋势。

二是统筹建设油气基础设施。进一步完善黄河流域油气设施布局，推进油气管网互联互通，合理编制实施黄河流域供应能力规划，推进天然气管道联通。

三是协同推动黄河流域新能源设施建设。因地制宜地开发陆上风电与光伏发电，有序推进海上风电建设。积极开展生物能源、先进储能、氢能与燃料电池关键技术研究，促进新能源发展。加快洁净能源创新研究，加强智能电网等综合能源项目建设，推动绿色化能源变革。

（三）协同推进重大水利工程建设

一是完善黄河流域水利发展布局。加强沿黄流域跨区水利基础设施建设，推动水库建设并同步配套输配水工程，提升客水调蓄能力，为城市可持续发展提供水源保障和水利支持。实现黄河流域水资源规划的高效衔接，打通黄水东调、南水北调通道,进一步完善供水保障体系。二是完善黄河流域综合管控体系。完善防洪防潮减灾体系建设,大力实施流域综合治理工程,提高骨干河道防洪能力,有序推动中小河流治理,加强重要河流及河段堤岸加固和清淤疏浚工作,实施河道修复工程。

(四)共同构建信息等新型基础设施网络

一是推动物联网、云计算、大数据等新一代信息技术与黄河流域城市群发展深度融合,推动跨部门、跨行业、跨地区共建共享大数据公共服务平台,以智能交通、智能电网、智能水务、智能管网、智能园区建设为依托,打造流域智慧城市。强化信息资源的社会化开发利用,推进城市规划管理信息化、基础设施智能化、公共服务便捷化、产业发展现代化、社会管理精细化,实现信息技术与城市发展深度融合。

二是促进城市之间实现信息共享。推动城际电子政务畅通连接,推动各级政务信息资源共享平台发展并有效衔接,促进政务信息资源高效覆盖,实现流域内政务信息畅通、行政业务畅通和公共服务畅通。

三是协同建设新一代信息基础设施。推进区域信息枢纽网点建设,实现黄河流域数据中心和存算资源协同布局。加快推进5G网络部署,加快建设新型智能感知设施和高速光纤宽带网建设,持续推进宽带普及提速。打造互联网产业生态,推进城市大数据中心和云计算基础设施建设,打造云计算开放创新平台。扩大政务云建设规模,围绕城市应急治理、公共管理、公共服务、公共安全等领域,推进基于人工智能和5G物联的城市基础设施建设,提升居民生活出行的感受度和体验度。

(五)加强金融支持基础设施建设力度

一是完善地方政府专项债券制度。在充分考虑债务水平的基础上,要侧重考虑补短板基础设施项目的资金需求,加大财政性资金支持力度,盘活各级财政存量资金保障基础设施项目资金供给。

二是加大对基础设施项目建设的金融支持力度。鼓励通过发行公司信用类债券、PPP 等市场化方式开展后续融资。在不增加地方政府隐性债务规模的前提下，引导商业银行加大对流域内补短板类基础设施信贷投放力度，支持开发性金融机构、政策性银行结合各自职能定位和业务范围加大相关支持力度。发挥保险资金长期投资优势，通过债权、股权、股债结合、基金等多种形式，积极提供基础设施项目的扶持。

三是充分调动民间投资的积极性，持续激发民间投资活力。引导社会力量增加学前教育、健康、养老等服务供给。鼓励社会资本特别是民间投资投入补短板重大项目。

"黄河落天走东海，万里写入胸怀间。"在举国振兴之际再看黄河流域，必须谋求更加科学的发展。黄河流域大部分地区生态环境"痼疾"多、发展路径倚重倚能"转舵"慢，面临抓保护与促发展的双重历史重任。在习近平总书记的亲自谋划和部署下，黄河流域生态保护和高质量发展上升为重大国家战略，这是千载难逢的历史机遇。要以人为本，从实际出发，宜水则水、宜山则山，宜粮则粮、宜农则农，宜工则工、宜商则商，充分发挥比较优势，积极探索富有地域特色的高质量发展新路子，唱响新时代的"黄河大合唱"，成就黄河安澜、海晏河清的千年民族梦想！

参考文献

[1]安作璋,王克奇.黄河文化与中华文明[J].文史哲,1992(4):3-13.

[2]曹世雄.自然环境对黄河文明形成的影响:炎黄二帝称谓的内涵与中华文明的诞生[J].农业考古,2006(1):1-7.

[3]陈晓东,金碚.黄河流域高质量发展的着力点[J].改革,2019(11):25-32.

[4]陈怡平,傅伯杰.关于黄河流域生态文明建设的思考[N].中国科学报,2019-12-20(6).

[5]崔盼盼,赵媛,夏四友,等.黄河流域生态环境与高质量发展测度及时空耦合特征[J].经济地理,2020(5):49-57,80.

[6]邓小云.整体主义视域下黄河流域生态环境风险及其应对[J].东岳论丛,2020(10):150-155.

[7]董战峰,郝春旭,璩爱玉,等.黄河流域生态补偿机制建设的思路与重点[J].生态经济,2020,36(2):196-201.

[8]杜学霞.黄河生态文化70年传播的基本经验[J].新闻爱好者,2019(11):31-33.

[9]段昌群.人类活动对生态环境的影响与古代中国文明中心的迁移[J].思想战线,1996(4):75-88.

[10]樊杰,王亚飞,王怡轩.基于地理单元的区域高质量发展研究:兼论黄河流域同长江流域发展的条件差异及重点[J].经济地理,2020,40(1):1-11.

[11]方创琳.黄河流域城市群形成发育的空间组织格局与高质量发展[J].经济地理,2020,40(6):1-8.

[12]傅筑夫.中国封建社会经济史:第1卷[M].北京:人民出版社,1981.

［13］高煜,许钏.超越流域经济:黄河流域实体经济高质量发展的模式与路径［J］.经济问题,2020(10):1-9,52.

［14］高煜.黄河流域高质量发展中现代产业体系构建研究［J］.人文杂志,2020(1):13-17.

［15］耿凤娟,苗长虹,胡志强.黄河流域工业结构转型及其对空间集聚方式的响应［J］.经济地理,2020,40(6):30-36.

［16］苟兴朝,张斌儒.黄河流域乡村绿色发展:水平测度、区域差异及空间相关性［J］.宁夏社会科学,2020(4):57-66.

［17］郭晗,任保平.黄河流域高质量发展的空间治理:机理诠释与现实策略［J］.改革,2020(4):74-85.

［18］郭晗.黄河流域高质量发展中的可持续发展与生态环境保护［J］.人文杂志,2020(1):17-21.

［19］韩海燕,任保平.黄河流域高质量发展中制造业发展及竞争力评价研究［J］.经济问题,2020(8):1-9.

［20］何爱平,安梦天.黄河流域高质量发展中的重大环境灾害及减灾路径［J］.经济问题,2020(7):1-8.

［21］何一民,赵斐.清代黄河沿河城市的发展变迁与制约因素研究［J］.福建论坛(人文社会科学版),2018(4):99-109.

［22］胡一三.70年来黄河下游历次大修堤回顾［J］.人民黄河,2020,42(6):18-21.

［23］黄燕芬,张志开,杨宜勇.协同治理视域下黄河流域生态保护和高质量发展:欧洲莱茵河流域治理的经验和启示［J］.中州学刊,2020(2):18-25.

［24］江林昌.五帝时代与中华文明起源:建构中国特色文史学科理论体系浅议之三［J］.济南大学学报(社会科学版),2020,30(4):22-40.

［25］江林昌.中国早期文明的起源模式与演进轨迹［J］.学术研究,2003(7):86-93.

［26］姜长云,盛朝迅,张义博.黄河流域产业转型升级与绿色发展研究［J］.学术界,2019(11):68-82.

［27］蒋文龄.黄河流域生态保护和高质量发展的战略意蕴［N］.经济日报,2020-05-11(11).

［28］蒋秀华,吕文星,高源,等.黄河的历史变迁和面积河长特征数据的沿革［J］.人民黄河,2019,41(1):10-13.

［29］金凤君,马丽,许堞.黄河流域产业发展对生态环境的胁迫诊断与优化路径识别［J］.资源科学,2020,42(1):127-136.

［30］孔繁德.中国古代文明持续发展与生态环境的关系［J］.中国环境科学,1996(3):236-239.

［31］李庚香.黄河文明优良政治基因探奥［J］.领导科学,2020(13):5-15.

［32］李靖宇,黄猛.关于黄河文明视角下的黄河沿岸经济带开发论证［J］.开发研究,2008(5):6-14.

［33］李君如.从邓小平的发展理论到科学发展观［J］.毛泽东邓小平理论研究,2004(8):3-12.

［34］李曦辉,张杰,邓童谣.黄河流域融入"一带一路"倡议研究［J］.区域经济评论,2020(6):38-45.

［35］李小建,许家伟,任星,等.黄河沿岸人地关系与发展［J］.人文地理,2012(1):1-5.

［36］李小建,文玉钊,李元征,等.黄河流域高质量发展:人地协调与空间协调［J］.经济地理,2020(4):1-10.

［37］李学智.古典文明中的地理环境差异与政治体制类型:先秦中国与古希腊雅典之比较［J］.天津师范大学学报(社会科学版),2013(2):10-18.

［38］李振宏,周雁.黄河文化论纲［J］.史学月刊,1997(6):76-84.

［39］廖寅.首都战略下的北宋黄河河道变迁及其与京东社会之关系［J］.中国历史地理论丛,2019(1):5-14.

［40］刘传明,马青山.黄河流域高质量发展的空间关联网络及驱动因素［J］.经济地理,2020(10)：91-99.

［41］刘康磊.黄河流域协同立法的背景、模式及问题面向［J］.宁夏社会科学,2020(5)：67-72.

［42］刘壮壮.农耕、技术与环境："黄河轴心"时代政治经济中心之离合［J］.中国农史,2018(4)：46-60.

［43］罗巍,杨玄酯,杨永芳.面向高质量发展的黄河流域科技创新空间极化效应演化研究［J］.科技进步与对策,2020(18)：44-51.

［44］马海涛,徐楦钫.黄河流域城市群高质量发展评估与空间格局分异［J］.经济地理,2020(4)：11-18.

［45］马献珍.黄河生态文化传播推动能源行业可持续发展［J］.新闻爱好者,2020(4)：69-71.

［46］马英杰.在地化：黄河流域伊斯兰文明论纲［J］.回族研究,2017(1)：57-64.

［47］马永真.论黄河文明与伊斯兰文明在"一带一路"中的贡献、地位及作用［J］.黄河文明与可持续发展,2017(2)：15-20.

［48］牛玉国,岳彩俊.黄河流域生态文明建设实践［J］.中国水利,2020(17)：22-24.

［49］彭岚嘉,王兴文.黄河文化的脉络结构和开发利用：以甘肃黄河文化开发为例［J］.甘肃行政学院学报,2014(2)：13,92-99.

［50］彭苏萍,毕银丽.黄河流域煤矿区生态环境修复关键技术与战略思考［J］.煤炭学报,2020,45(4)：1211-1221.

［51］任保平.黄河流域高质量发展的特殊性及其模式选择［J］.人文杂志,2020(1)：1-4.

［52］邵鹏,王齐,单英骥.基于文本分析的黄河流域生态保护与高质量发展研究［J］.干旱区资源与环境,2020(11)：78-83.

[53] 师博.黄河流域中心城市高质量发展路径研究[J].人文杂志,2020(1):5-9.

[54] 水利部黄河水利委员会.人民治理黄河六十年[M].郑州:黄河水利出版社,2006.

[55] 斯丽娟.环境规制对绿色技术创新的影响:基于黄河流域城市面板数据的实证分析[J].财经问题研究,2020(7):41-49.

[56] 宋建军,肖金成,刘通.黄河大保护应做好黄土高原生态治理:基于陕北生态保护和淤地坝建设的调研[J].宏观经济管理,2020(7):30-36,44.

[57] 汪芳,安黎哲,党安荣,等.黄河流域人地耦合与可持续人居环境[J].地理研究,2020(8):1707-1724.

[58] 王金南.黄河流域生态保护和高质量发展战略思考[J].环境保护,2020(1):17-21.

[59] 王甜甜.新形势下黄河流域经济联动高质量发展策略:新结构经济学视角[J].新西部(上旬刊),2020(11):89-93.

[60] 王晓楠,孙威.黄河流域资源型城市转型效率及其影响因素[J].地理科学进展,2020(10):1643-1655.

[61] 王兆印,傅旭东.黄河源的湿地演变及沙漠化[J].中国水利,2017(17):22-24.

[62] 王震中.黄河文化:中华民族之根[N].光明日报,2020-01-18(11).

[63] 吴钢,赵萌,王辰星.山水林田湖草生态保护修复的理论支撑体系研究[J].生态学报,2019(23):8685-8691.

[64] 吴宁,章书俊.生态文明与"生命共同体""人类命运共同体"[J].理论与评论,2018(3):14-23.

[65] 习近平.在黄河流域生态保护和高质量发展座谈会上的讲话[J].求是,2019(20):4-11.

[66] 夏如兵.气候剧变与元代黄河流域蚕桑业的兴衰[J].中国农史,2020

（2）:105-116.

[67]邢霞,修长百,刘玉春.黄河流域水资源利用效率与经济发展的耦合协调关系研究[J].软科学,2020(8):44-50.

[68]徐光春.黄帝文化与黄河文化[J].中华文化论坛,2016(7):5-14.

[69]徐辉,师诺,武玲玲,等.黄河流域高质量发展水平测度及其时空演变[J].资源科学,2020(1):115-126.

[70]徐吉军.论黄河文化的概念与黄河文化区的划分[J].浙江学刊,1999(6):134-139.

[71]徐勇,王传胜.黄河流域生态保护和高质量发展:框架、路径与对策[J].中国科学院院刊,2020(7):875-883.

[72]杨丹,常歌,赵建吉.黄河流域经济高质量发展面临难题与推进路径[J].中州学刊,2020(7):28-33.

[73]杨万平,张振亚.黄河流域与长江经济带生态全要素生产率对比研究[J].管理学刊,2020(5):26-37.

[74]杨永春,穆焱杰,张薇.黄河流域高质量发展的基本条件与核心策略[J].资源科学,2020(3):409-423.

[75]杨永春,张旭东,穆焱杰,等.黄河上游生态保护与高质量发展的基本逻辑及关键对策[J].经济地理,2020(6):9-20.

[76]岳立,薛丹.黄河流域沿线城市绿色发展效率时空演变及其影响因素[J].资源科学,2020(12):2274-2284.

[77]张纯成,张蓓.中华文明形成"一体"的生态环境原因研究[J].自然辩证法研究,2015(7):116-121.

[78]张纯成.黄河文明中心不断转移的生态环境研究[J].自然辩证法研究,2009(9):95-100.

[79]张纯成.黄河文明中心南迁的生态环境原因分析[J].自然辩证法研究,2010(11):118-123.

[80]张贡生.黄河流域生态保护和高质量发展：内涵与路径[J].哈尔滨工业大学学报(社会科学版),2020(5):119-128.

[81]张国硕.也谈"最早的中国"[J].中原文物,2019(5):51-59.

[82]张红武.黄河流域保护和发展存在的问题与对策[J].人民黄河,2020(3):1-10,16.

[83]张金良.黄河古贤水利枢纽的战略地位和作用研究[J].人民黄河,2016(10):119-121,136.

[84]张金良.黄河流域生态保护和高质量发展水战略思考[J].人民黄河,2020(4):1-6.

[85]张可云,张颖.不同空间尺度下黄河流域区域经济差异的演变[J].经济地理,2020(7):1-11.

[86]张可云.推动黄河流域生态保护和高质量发展的战略思考[J].区域经济评论,2020(1):11-13.

[87]张锟,邹小玲.加强黄河两岸山水林田湖草系统治理 打造河南高质量发展核心引擎[N].焦作日报,2019-12-25(11).

[88]张清俐.探索黄河流域高质量发展路径[N].中国社会科学报,2020-12-21(2).

[89]张瑞,王格宜,孙夏令.财政分权、产业结构与黄河流域高质量发展[J].经济问题,2020(9):1-11.

[90]张修玉,施晨逸,裴金铃,等.积极践行"山水林田湖草统筹治理"整体系统观[N].中国环境报,2020-12-08(3).

[91]赵斐.新时代黄河流域城市高质量发展面临的困境与机遇[J].黄河科技学院学报,2020(7):46-50.

[92]赵明亮,刘芳毅,王欢,等.FDI、环境规制与黄河流域城市绿色全要素生产率[J].经济地理,2020(4):38-47.

[93]赵瑞,申玉铭.黄河流域服务业高质量发展探析[J].经济地理,2020(6):

21-29.

[94]赵莺燕,于法稳.黄河流域水资源可持续利用:核心、路径及对策[J].中国特色社会主义研究,2020(1):52-62.

[95]赵钟楠,张越,李原园,等.关于黄河流域生态保护与高质量发展水利支撑保障的初步思考[J].水利规划与设计,2020(2):1-3.

[96]中国社会科学院考古研究所.中国考古学:夏商卷[M].北京:中国社会科学出版社,2003.

[97]周清香,何爱平.环境规制能否助推黄河流域高质量发展[J].财经科学,2020(6):89-104.

[98]周清香,何爱平.数字经济赋能黄河流域高质量发展[J].经济问题,2020(11):8-17.

[99]左其亭.推动黄河流域生态保护和高质量发展和谐并举[N].河南日报,2019-11-22(6).